国家出版基金项目
NATIONAL PUBLICATION FOUNDATION

生态气象系列丛书

丛书主编：丁一汇

丛书副主编：周广胜 钱 拴

安徽生态气象

主编：何彬方

副主编：霍彦峰 张宏群

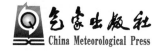

气象出版社
China Meteorological Press

内 容 简 介

本书围绕安徽省典型生态系统的气象监测、评估、服务等业务能力建设情况,系统介绍了安徽省气象科学研究所近年来生态气象的研究成果。书中详细介绍了基于气象要素和多源卫星遥感数据,应用数理统计、物理模型、地理信息系统(GIS)技术方法,对安徽省农田、城市、湖泊、森林、湿地和大气等典型生态系统以及绿色发展与生态文明建设绩效考核相关指标开展监测、评估。其主要内容包括:安徽省生态气象要素特征、卫星遥感数据采集与管理、六大典型生态系统生态气象监测评估和针对绿色发展与生态文明建设绩效考核指标的研制与应用。

本书可供气象、环境、生态、地理、国土、农业、林业、城市规划等相关专业从事科研和业务的技术人员以及政府部门的决策管理者参考。

图书在版编目(CIP)数据

安徽生态气象 / 何彬方主编 ; 霍彦峰, 张宏群副主编. -- 北京 : 气象出版社, 2024.3
(生态气象系列丛书 / 丁一汇主编)
ISBN 978-7-5029-7901-0

Ⅰ. ①安… Ⅱ. ①何… ②霍… ③张… Ⅲ. ①生态环境-气象观测-研究-安徽 Ⅳ. ①P41

中国国家版本馆CIP数据核字(2024)第040247号

安徽生态气象
Anhui Shengtai Qixiang

出版发行:气象出版社		
地　　址:北京市海淀区中关村南大街 46 号	邮政编码:100081	
电　　话:010-68407112(总编室)　010-68408042(发行部)		
网　　址:http://www.qxcbs.com	E - m a i l:qxcbs@cma.gov.cn	
责任编辑:马　可	终　　审:张　斌	
责任校对:张硕杰	责任技编:赵相宁	
封面设计:博雅锦		
印　　刷:北京地大彩印有限公司		
开　　本:787 mm×1092 mm　1/16	印　　张:9.5	
字　　数:243 千字		
版　　次:2024 年 3 月第 1 版	印　　次:2024 年 3 月第 1 次印刷	
定　　价:95.00 元		

编委会

前言

党的十八大以来,以习近平同志为核心的党中央提出并贯彻尊重自然、顺应自然、保护自然的新发展理念,我国生态文明理论研究与实践成果日趋丰盛,并逐渐形成了新时代中国特色生态文明思想。安徽深入践行"绿水青山就是金山银山"的理念,全方位、全省域、全过程加强生态环境保护,大力推动绿色低碳发展,打造人与自然和谐共生的典范,深入推进美丽中国建设安徽实践。气象部门也致力于构建一体化、专业化、精细化生态文明建设气象服务保障体系,气象服务也在生态文明建设中发挥着基础性科技保障作用,对于科学开展生态保护与建设,提高生态系统自我修复能力,增强生态系统稳定性,促进生态系统质量整体改善具有重要意义。安徽省委、省政府深入践行习近平生态文明思想,学习贯彻习近平总书记考察安徽重要讲话和批示指示精神,坚持以生态文明示范创建为抓手,深入推进生态文明建设和打好污染防治攻坚战,积极探索以生态优先、绿色发展为导向的高质量发展新道路,努力建设人与自然和谐共生的现代化美好安徽。安徽省气象局在中国气象局和省委、省政府的指导下,积极融入安徽生态文明建设,围绕农田、城市、湖泊、森林、大气等典型生态系统开展生态气象服务研究,并依托安徽省气象科学研究所先后筹建了安徽省生态气象与卫星遥感中心、大气科学与卫星遥感安徽省重点实验室、高分辨率对地观测系统安徽气象应用研发中心、中国气象局温室气体监测和碳中和监测评估安徽分中心,初步建立了覆盖省、市、县三级的"气象+高分"融合的卫星遥感综合应用体系,依托卫星遥感监测技术,开展了一系列生态遥感监测评估,为美好安徽建设贡献气象智慧。

本书总结、梳理近年来业务服务案例,以及各类型课题研究成果,主要是围绕农田生态、城市生态、湖泊生态、湿地生态、森林生态、大气环境、绿色发展和生态文明建设的气象监测评估技术研究成果。希望本书的出版能为进一步了解安徽省的生态质量现状提供参考。

《安徽生态气象》由何彬方担任主编,霍彦峰、张宏群担任副主编;黄勇在本书内容的组织策划与协调方面做了重要工作。根据安徽典型生态系统气象服务特点,拟定大纲和每章的要点,确定本书分为九章。第1章为绪论,介绍了安徽的气候和自然条件以及生态气象业务历程,主要贡献作者为荀尚培、唐为安。第2章为卫星遥感数据与应用现状,介绍了安徽卫星遥感数据接收、管理以及卫星遥感业务开展概况,主要贡献作者为霍彦峰、荀尚培。第3章为农田生态气象,介绍了安徽在农业生态气象领域开展的相关工作,主要贡献作者为刘惠敏、吴文玉、黄勇、何彬方、姚筠。第4章为城市生态气象,介绍了安徽在城市生态气象领域开展的相关工作,主要贡献作者为霍彦峰、何彬方、刘惠敏、邓学良、戴睿、柏颖、陈健、徐倩倩。第5章为湖泊生态气象,介绍了安徽在湖泊生态气象领域开展的相关工作,主要贡献作者为霍彦峰、何彬方、荀尚培、张宏群、刘惠敏、陈心桐。第6章为森林生态气象,介绍了安徽在森林生态气象领域开展的相关工作,主要贡献作者为张宏群、何彬方。第 7 章为湿地生态气象,介绍了安徽在湿地生态气象领域开展的相关工作,主要贡献作者为陈心桐、张宏群、刘惠敏。第 8 章为大气环境,介绍了安徽在大气环境遥感监测领域开展的相关工作,主要贡献作者为何彬方、霍彦峰。第 9 章为绿色发展与生态文明建设,介绍了安徽在绿色发展与生态文明建设领域开展的相关工作,主要贡献作者为何彬方、霍彦峰、荀尚培、黄勇、吴文玉。全书涉及安徽省气象科学研究所多年来在生态气象方面的研究成果,也整理了相关的参考文献。在此感谢安徽省气象科学研究所全体业务人员提供的资料。

同时还须说明,由于生态气象涉及较广,有关的研究很多,本书的研究成果主要针对安徽区域,具有一定的局限性,部分内容不够深入,且限于篇幅,概括还不够全面,难免有所疏漏,恳请读者多提宝贵意见,以便不断丰富安徽省的生态气象研究。

作者

2023 年 12 月

目录

第1章
绪 论

安徽省,简称"皖",省会合肥市,位于中国东南华东长江三角洲地区,地跨 114°54′—119°27′E 与 29°41′—34°38′N 之间,东连江苏省,西接湖北省、河南省,东南接浙江省,南邻江西省,北靠山东省,辖境面积 14.01 万 km²,约占全国总面积的 1.45%。我国重要的秦岭—淮河地理分界线横贯全省,气候、生物、土壤等生态要素表现出明显的纵横双向过渡特征。安徽地跨长江、淮河和新安江三大流域,境内巢湖为我国五大淡水湖之一。全省地势西南高、东北低,地形南北迥异,复杂多样,自北向南依次划分为淮河平原区、江淮丘陵区、大别山区、沿江平原区和皖南山区五大自然区域(图 1.1)(安徽省地方志编纂委员会,1999)。

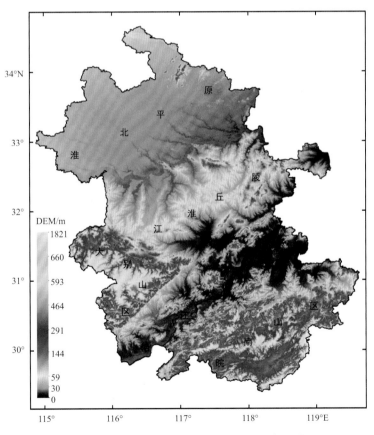

图 1.1 安徽省数字高程模型(DEM)及分区图

1.1 气候条件

安徽地处暖温带与亚热带过渡地区,淮河以北属暖温带半湿润季风气候,淮河以南为亚热带湿润季风气候。全省年平均气温 14.5～17.2 ℃,年降水量 750～1800 mm,年日照时数 1700～2200 h。其四季分明,气候温暖,雨量充沛,土地肥沃,适宜多种动植物生长,生物资源繁多,生态环境良好。

(1)气温的空间分布特征

1961—2018 年安徽省年平均气温为 14.3～16.9 ℃,基本呈自北向南逐渐增暖的空间分布,具有南部高、北部低,平原丘陵高、山区低的特点。除大别山区的岳西县外,全省最低平均气温出现在淮北北部,最高平均气温出现在沿江西部地区,最大温差达到 2.6 ℃(图 1.2)。

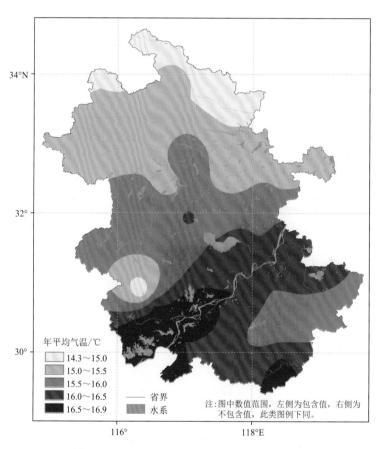

图 1.2 1961—2018 年安徽省年平均气温分布

(2)降水的空间分布特征

1961—2018 年安徽省年平均降水量为 757～1765 mm,自北向南逐渐增加,且有山区多于平原丘陵的特点。皖南是安徽省多雨中心,其中黄山光明顶站因海拔高(1840 m)而情况特殊,年平均降水量多达 2269 mm(图 1.3)。

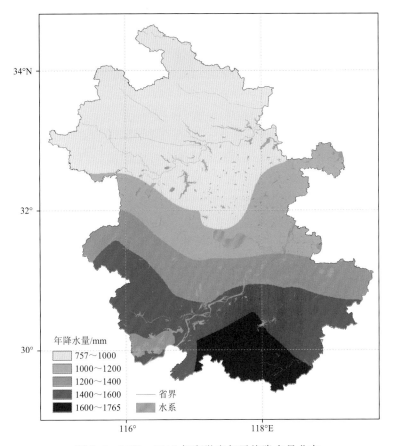

图 1.3　1961—2018 年安徽省年平均降水量分布

1.2　水文与自然资源

（1）河流与湖泊

安徽省共有河流 2000 多条,河流除南部新安江水系属钱塘江流域外,其余均属长江、淮河流域。长江自江西省湖口进入安徽省境内至和县乌江后流入江苏省境内,由西南向东北斜贯安徽南部,在安徽省境内 416 km,属长江下游,流域面积 6.6 万 km²。长江流经安徽境内416 km,淮河流经安徽境内 430 km,新安江流经安徽境内 242 km。

安徽省共有湖泊 580 多个,总面积为 1750 km²,其大型湖泊 12 个、中型湖泊 37 个,湖泊主要分布于长江、淮河沿岸,湖泊面积为 1250 km²,占全省湖泊总面积的 72.1%。淮河流域有八里河、城西湖、城东湖、焦岗湖、瓦埠湖、高塘湖、花园湖、女山湖、七里湖、沂湖、洋湖 11 个湖泊,长江流域有巢湖、南漪湖、华阳河湖泊群、武昌湖、菜子湖、白荡湖、陈瑶湖、升金湖、黄陂湖、石臼湖 10 个湖泊。其中巢湖面积 770 km²,为安徽省最大的湖泊,全国第五大淡水湖(安徽省地方志编纂委员会,1999)。

（2）植物资源

安徽省维管束植物 3200 多种,分属 205 科 1006 属,约占全国维管束植物科的 60.3%、属的 31.7%、种的 11.7%。其中蕨类植物 34 科 71 属 240 种,种子植物 171 科 938 属。种子植物中裸子植物 7 科 17 属 21 种,被子植物 164 科 921 属 2900 余种,约占全国种子植物科的 51.4%、属的 31.8%、种的 12.2%。皖南丘陵山区中保存了丰富的古老科、属、种子遗植物。安徽省有高等植物 4245 种,占全国种数的 14.2%,其中国家一级保护植物 6 种,二级保护植物 25 种(安徽省地方志编纂委员会,1999)。

（3）动物资源

安徽省野生动物资源丰富、种类繁多。脊椎动物 44 目 121 科 742 种,占全国种数的 14.1%,其中国家一级保护野生动物 21 种、二级保护野生动物 70 种,世界特有的野生动物扬子鳄和白鳍豚就产在安徽中部的长江流域(安徽省地方志编纂委员会,1999)。

（4）矿产资源

安徽省矿产种类较全,全省已发现的矿种为 158 种(含亚矿种)。查明资源储量的矿种 126 种(含普通建筑石料矿种),其中能源矿种 6 种,金属矿种 22 种,非金属矿种 96 种,水气矿产 2 种,探明储量的 67 种,煤、铁、铜、硫、磷、明矾、石灰岩等 38 种矿产储量居全国前 10 位。现已探明煤炭储量 250 亿 t,铁矿储量 29.9 亿 t,铜矿储量 384.9 万 t,硫铁矿储量 5.64 亿 t,分别居全国第 7 位、第 5 位、第 5 位和第 2 位(安徽省地方志编纂委员会,1999)。

1.3　生态气象综述

（1）生态气象内涵

生态气象是应用气象学、生态学的原理与方法研究气象条件与生态系统诸因子间相互关系及其规律的一门科学,是应人类面临的生存环境危机,即全球环境变化的严峻挑战而兴起,反映了人类对人与自然界关系的哲学理念,是气候系统多圈层相互作用的关键环节,服务于人与自然和谐发展。生态学是研究决定生物分布及其量度的各种因素之间相互关系的科学,包括生物的分布格局与规律,生物的时空量度(生物量、生产力、生物多样性等),决定生物分布与量度的内在与外在因素,以及增加生物生产力、保持生物生产力的稳定性与改善环境的原则与途径(Begon et al.,2016)。气象学是研究大气的现象和过程,探讨其演变规律和变化,并直接或间接服务于生产实践的科学(包云轩,2007)。20 世纪 70 年代以后,人类经济活动的迅速发展使得自然环境的变化扩展到越来越广阔的区域,甚至达到全球的规模,人类社会面临资源、环境和发展的严峻挑战。为应对挑战,科学界加快了生态学与气象学的融合,致力于对地球的整体探索,将地球科学各分支学科大跨度交叉渗透并紧密结合,形成了生态气象学。其研究内容主要包括 6 个方面:①气象的生态效应格局与规律,涉及陆地与水生生态(动物、植物与行为生态学)、自然资源生产和管理(森林、农业、园艺、草地、湿地与海洋系统)、人体健康及大气适宜度,以及生态系统适应性与气候可行性论证(包括城市规划与建筑等构建环境、经济体制与社会活动的行为和管理等);②气象的生态效应时空量度,涉及气象条件对于生态系统的生产功能(生物量、生产力)、生态系统服务以及生物多样性等的影响;③生态变化的气象贡献与归因,涉及生态系统分布与量度的变化、生态系统的能量流动与物质循环以及气象条件对生态系统变化的贡献;④生态系统变化的反馈作用,主要涉及生态系统变化对物理气候系统的反馈作用;⑤生态气象数值模式,即采用数值模拟方法模拟生态系统与气象条件之间的相互作用,包括生态系统类型、地理分布、功能变化及其与天气、气候、气候变化和气象灾害等的相互作用,为生态保护与修复提供生态系统气候适应性与植被生态质量变化气象条件贡献率的定量描述,并为天气、气候数值模式准确预报天气、气候、气候变化和气象灾害提供生态系统—大气之间的物质与能量交换的定量描述;⑥适于人与自然和谐发展的气象与生态系统相互作用关系的途径与原则(周广胜 等,2021)。

(2)安徽省生态气象业务发展历程及现状

安徽省拥有多种类型生态系统:农田生态系统、森林生态系统、城市生态系统、湖泊生态系统、湿地生态系统等。安徽省气象科学研究所(简称省气科所)多年来一直坚持利用生态气象监测指标即在生态气象监测过程中选定的能够反映和指示生态系统状况的特征量对全省生态气象进行研究。省气科所始建于 1973 年,承担安徽省生态气象和卫星遥感业务服务具体职能,同时挂有"安徽省卫星遥感中心""安徽省生态气象和卫星遥感中心""高分辨率对地观测系统安徽气象应用研发中心"等机构。自成立以来,省气科所积极推进安徽省生态气象遥感综合应用业务有序开展,开发完成"安徽省多源卫星数据管理""遥感影像在线处理""安徽省高分应用中心展示系统""安徽省大气环境卫星监测""新一代卫星遥感产品人工智能算法"等综合业务服务平台和模块,实现数据管理分发、在线处理、应用服务的"云化"改造,推动人工智能等技术在生态气象遥感产品制作中的应用。

省气科所全面开展生态气象监测评价技术研发,利用多源卫星和气象资料开展生态保护重要性评估。围绕"农田、城市、湖泊和森林等生态系统",开展全省陆地植被生态质量、全省大气环境、以大别山区为主的水源涵养、以皖南山区为主的生态旅游资源、以升金湖为主的湿地小气候生态特征、巢湖蓝藻水华等水生态等相关监测和评估;开展淮河流域、长江流域、巢湖流域洪水监测;利用生态遥感监测数据科学构建全省绿色发展监测指标体系,大气环境指数、温湿适宜频率指数、植被指数三个指标被纳入全省绿色发展季度监测体系;在卫星中心的技术支持下,承担了全省秸秆禁烧卫星遥感监测工作,为大气污染防治提供技术支持和信息服务。具体科研和业务方向见图1.4。

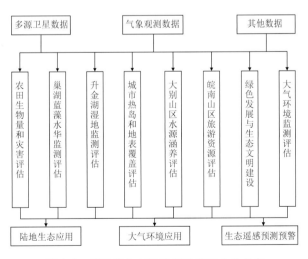

图 1.4　安徽省生态遥感室科研和业务方向

未来,省气科所将与南京信息工程大学、中国科学院合肥物质科学研究院、安徽大学、合肥工业大学等高校、科研院所建立常态化合作机制,共同开展卫星遥感地面验证、多源数据融合、人工智能算法攻关等技术交流合作,为生态气象的全面监测与评估提供多源卫星遥感精准监测及智能化评估技术。

1.4　本章小结

本章系统介绍了安徽地区的地理位置特征、气温和降水等气候变化特征以及水文与自然资源,并阐述了生态气象的内涵。在此基础上,介绍了省气科所生态气象业务的发展历程以及业务现状。

第 2 章
卫星遥感数据与应用现状

卫星遥感是生态气象研究的重要手段,随着卫星探测技术和遥感应用技术的不断发展,卫星遥感在气象、环境、农业、土地等领域均得到了广泛的应用。安徽省气象科学研究所(简称省气科所)遥感业务早期以气象卫星数据应用为主,近年来高分辨率卫星数据应用场景日益丰富。下面针对我们当前使用的主要卫星遥感数据情况和遥感应用现状进行简要介绍。

2.1 卫星遥感数据情况

2.1.1 多源卫星数据介绍

2.1.1.1 气象卫星数据

(1)风云系列气象卫星

中国气象卫星命名为"风云"系列,太阳同步轨道(简称极轨)卫星以奇数命名,如风云一号(FY-1)和风云三号(FY-3),地球同步轨道(简称静止)卫星以偶数命名,如风云二号(FY-2)和风云四号(FY-4)。当前接收的气象卫星数据主要来自 FY-3 和 FY-4。

FY-3 是我国第二代极轨卫星,广泛应用于天气预报、气候预测、灾害监测、环境监测、军事活动气象保障、航天发射保障等重要领域,特别在台风、暴雨、大雾、沙尘暴、森林草原火灾等监测预警中发挥重要作用。FY-3C 卫星发射于 2013 年 9 月 23 日,搭载了可见光红外扫描辐射计、红外分光计、微波温度计、微波湿度计、微波成像仪、中分辨率光谱成像仪、紫外臭氧垂直探测仪、紫外臭氧总量探测仪、地球辐射探测仪、太阳辐射测量仪、空间环境监测仪器包和全球导航卫星掩星探测仪 12 台传感器。FY-3D 卫星发射于 2017 年 11 月 15 日,在继承 FY-3C 微波温度计、微波湿度计、微波成像仪、空间环境监测仪器包和全球导航卫星掩星探测仪 5 台传感器外,将中分辨率光谱成像仪升级为 II 型,并新增了红外高光谱大气探测仪、近红外高光谱温室气体监测仪、广角极光成像仪、电离层光度计 4 台全新仪器。FY-3E 卫星发射于 2021 年 7 月 5 日,是全球首颗民用晨昏轨道气象卫星,搭载了 11 台仪器,其中 3 台仪器为全新研制,7 台升级改进,1 台业务继承。其主要仪器载荷配置有微波温度计、微波湿度计、红外高光谱大气探测仪、GPS 掩星探测仪以及双频微波主动散射雷达,可实现对三维大气、洋面风场、夜间微光、太阳和电离层等多种要素的监测。FY-3G 卫星发射于 2023 年 4 月 16 日,我国成为全球唯一同时业务运行晨昏、上午、下午和倾斜四条近地轨道气象卫星的国家。FY-3G 卫星配置了降水测量雷达、微波成像仪、中分辨率光谱成像仪、全球导航卫星掩星探测仪 4 台业务载荷,可实现全球中低纬度地区云和降水参数的高精度遥感探测,技术指标达到国际先进水平。

FY-3C、FY-3D、FY-3E 和 FY-3G 卫星组网运行后,我国也因此成为国际上唯一同时拥有上午、下午、晨昏和倾斜轨道气象卫星组网观测能力的国家。

FY-4 卫星是我国新一代静止气象卫星。FY-4A 卫星作为 01 批第一颗实验星,于 2016 年 12 月 11 日成功发射,装载了先进的静止轨道辐射成像仪、干涉式大气垂直探测仪、闪电成像仪和空间环境监测仪器。其中扫描成像辐射计主要承担获取云图的任务,共 14 通道,是 FY-2 卫星 5 通道的近 3 倍,具备了捕捉气溶胶、雪的能力,并且能清晰区分云的不同相态和高、中层水汽。干涉式大气垂直探测仪是国际上第一台在静止轨道上以红外高光谱干涉分光方式探测大气垂直结构的精密遥感仪器,在静止轨道上从二维观测进入三维综合观测。闪电成像仪为亚太地区首次研制发射的同类载荷,测试数据印证了其可对我国及周边区域闪电进行探测,进而实现强对流天气的监测和跟踪,提供闪电灾害预警。FY-4B 卫星于 2021 年 6 月 3 日发射,是我国新一代静止轨道气象卫星风云四号系列卫星的首发业务星,与 FY-4A 卫星组成我国新一代静止轨道气象卫星观测系统,实现双星组网,共同对大气和云进行高频次监测,获取晴空和薄云区域的大气垂直信息,监测地球辐射、冰雪覆盖、海面温度、气溶胶和臭氧等,实时监测洪涝、高温、寒潮、干旱、积雪、沙尘暴和植被,获取空间环境监测数据,生成各种大气物理参数和定量化产品。FY-4B 卫星装载的有效载荷有:先进的静止轨道辐射成像仪、静止轨道干涉式红外探测仪、快速成像仪和空间天气监测仪器等。FY-4B 卫星静止轨道辐射成像仪增加水汽探测通道,并对部分通道光谱进行调整,提高了精细化观测水平;对静止轨道干涉式红外探测仪设计方案进行了优化,空间分辨率进一步提升,能提供更加精确的高光谱大气辐射和温湿度廓线等产品;新增快速成像仪,具备区域范围内最高 250 m 空间分辨率快速成像能力,对台风、暴雨和中尺度灾害性天气的监测更加连续、灵活、精细。

(2)Himawari(葵花)系列气象卫星

Himawari 卫星是日本发展的在地球静止轨道上执行气象和环境观测任务的卫星,用于收集和分发亚太地区气象和环境资料。日本共发展了三代葵花卫星,第一代称为"地球静止轨道气象卫星"(GMS),包括 Himawari-1/2/3/4/5;第二代称为"多用途传送卫星"(MTSat),包括 Himawari-6/7;第三代包括 Himawari-8/9。

Himawari-8/9 作为第三代静止卫星分别发射于 2014 年 10 月 7 日和 2016 年 11 月 2 日。与第二代静止卫星相比,第三代葵花卫星采用更加先进的成像仪 AHI,观测通道由 5 个增加到 16 个(3 个可见光,3 个近红外和 10 个红外通道),有助于了解云层状况。此外,Himawari-8/9 的全圆盘观测时间间隔为 10 min。除了这样的观测,Himawari-8/9 还对某些地区进行了频繁的观测,以至于整个日本的观测间隔为 2.5 min。Himawari-8/9 的可见光波段分辨率为 0.5~1 km,近红外和红外波段分辨率为 1~2 km(Bessho et al.,2016)。

(3)NOAA 系列气象卫星

NOAA 系列卫星是美国研制、发射并进行业务运行管理服务的极轨业务气象卫星,采用双星运行,同一地区每天可有 4 次过境机会,是 20 世纪 60 年代以来全球最重要的极轨业务气象卫星。自 1966 年发射运行第一代业务气象卫星以来,美国已发展 6 代极轨业务气象卫星。省气科所遥感业务主要使用的是第五代的 NOAA 18/19 和新一代的 SNPP 卫星。

NOAA 18/19 卫星分别发射于 2005 年 5 月 20 日和 2009 年 2 月 6 日,主要载荷包括甚高分辨率辐射仪 AVHRR-3、高分辨率红外辐射探测仪 HIRS-4、先进的微波探测装置 A 型 AMSU-A 和微波湿度计 MHS、太阳后向散射光谱辐射仪 SBUV-2、空间环境监视器 SEM、搜索和救援卫星跟踪系统 S&RSAT 和数据收集系统 DCS-2 或 A-DCS。其主要功能如下：①能够探测有云情况下的大气温度垂直分布，实现了全天候探测；②能反演出精度更高的湿度廓线；③提高了监测陆地和海洋上降水的能力；④改进了对冰雪、云雪的区分能力，具有探测雪覆盖范围、厚度、融化程度和坚实程度的能力；⑤改进了气溶胶的探测能力和对土壤湿度的探测能力（Wiryadinata et al.，2018）。SNPP 卫星发射于 2011 年 10 月 28 日，主要载荷包括可见光红外成像辐射仪 VIIRS、红外探测器 CrIS、臭氧剖面制图仪 OMPS、高级微波探测器 ATMS、云和地球辐射能量系统 CERES。除 CERES 传感器外，其他 4 个传感器均为最新研制。VIIRS 包含 9 个可见近红外通道、8 个短中波红外、4 个热红外通道和 1 个低照度条件下的可见光通道。星下点分辨率优于 400 m。CrIS 具有 1305 个热红外通道，可提供高垂直分辨率的大气温湿廓线。ATMS 能够提供全天候温湿廓线。OMPS 由天底点臭氧绘图仪和临边扫描辐射计共同完成大气臭氧廓线监测（Zhou et al.，2016）。

（4）EOS 系列气象卫星

EOS 卫星是美国地球观测系统计划中一系列卫星的简称，主要包括 Terra、Aqua、Aura 3 颗卫星。

Terra 卫星发射于 1999 年 12 月 18 日，是 EOS 计划的第一颗卫星，搭载了云与地球辐射能量系统 CERES、中分辨率成像光谱仪 MODIS、多角度成像光谱仪 MISR、先进星载热辐射与反射辐射计 ASTER 和对流层污染测量仪 MOPITT 5 种传感器。CERES 系统主要监测辐射和云，由两个宽带扫描辐射仪组成。MODIS 具有 36 个中等分辨率水平的光谱波段，每 1～2 d 对地球表面观测一次，获取陆地和海洋温度、初级生产力、陆地表面覆盖、云、气溶胶、水汽和火情等目标的图像。MISR 可以产生云与烟流的立体图像，由 9 个带电耦合装置摄像机组成，主要测定甲烷和二氧化碳两种痕量气体在全球的分布和在大气层底层的分布。MOPITT 是首次安装在卫星上对污染物和污染源进行跟踪探测的仪器，其传感器为一种辐射仪，使用气体相关分光镜（Barclay et al.，2002）。

Aqua 卫星发射于 2002 年 5 月 4 日，是 EOS 计划的第二颗卫星，搭载了大气红外探测器 AIRS、先进的微波探测元 AMSU、巴西湿度探测器 HSB、先进微波扫描辐射计 AMSR-E、云与地球辐射能量系统 CERES 和中分辨率成像光谱仪 MODIS 6 种传感器。CERES 和 MODIS 继承了 Terra 卫星。AIRS 采用多孔径光栅的基本原理构造，在 $3.74～15.4\ \mu m$ 的光谱范围内有 2378 个通道，可用于多个大气参数反演。AMSU 用于测量从地表到 50 km 高度之间 15 个温度层的大气温度数据。HSB 是一种微波辐射计载荷，用于测量大气的辐射，可以以此获得大气内水蒸气特征的测量参数。AMSR-E 继承自 AMSR，用于测量云的特征、辐射能量流、降水、陆地表面湿度、海冰、雪盖、海洋表面温度、海洋表面风场等（Suffet，2009）。

Aura 卫星发射于 2004 年 7 月 15 日，是 EOS 计划的第三颗卫星，搭载了高分辨率动态临边探测器 HIRDLS、微波临边探测器 MLS、臭氧监测仪 OMI、对流层放射光谱仪 TES 4 种传感器。HIRDLS 能探测对流层上部到平流层的温度、O_3、H_2O、CH_4、N_2O、NO_2、HNO_3、N_2O_5、CFC-11、CFC-12、$ClONO_2$、气溶胶、极地平流层云及云顶高度。MLS 通过临边扫描来观测从平流层到对流层顶的 118、190、240、640GHz 和 2.5THz 光谱范围的微波散射，既可用于反演 O_3、H_2O、BrO、ClO、HCl、HOCl、OH、HO_2、HCN、CO、HNO_3、N_2O 和 SO_2 混合比的垂直廓线，也可用于反演冰的相对湿度、云含水量、云含冰量、重力势高度和温度。OMI 主要监测大气中的臭氧柱浓度和廓线、气溶胶、云、表面紫外辐射，还有其他的痕量气体。TES 采用星下点和临边两种观测方式,可用于对流层 O_3、CH_4、NO_2、NO、HNO_3、CO、H_2O 观测(Schoeberl et al.,2008)。

2.1.1.2 高分卫星数据

(1)高分系列卫星

高分系列卫星属于我国高分辨率对地观测系统重大专项工程,是《国家中长期科学和技术规划发展纲要(2006—2020 年)》确立的 16 个国家重大科技专项之一。该专项建立的初衷是建立一整套高时间分辨率、高空间分辨率、高光谱分辨率的自主可控卫星系列。当前使用的高分系列卫星主要有高分一号、高分二号、高分三号、高分四号、高分六号和高分七号。

高分一号卫星是一种高分辨率对地观测卫星,发射于 2013 年 4 月 26 日,是高分专项的首发星,配置了 2 台 2 m 分辨率全色/8 m 分辨率多光谱相机(幅宽 60 km),4 台 16 m 分辨率多光谱宽幅相机(幅宽 800 km)。高分二号卫星是中国首颗亚米级民用陆地观测卫星,发射于 2014 年 8 月 19 日(白照广,2013)。高分二号卫星星下点空间分辨率可达 0.8 m,搭载有两台高分辨率 1 m 全色和 4 m 多光谱相机(幅宽 45 km)(杨秉新 等,2015)。高分三号卫星是中国首颗分辨率达到 1 m 的 C 频段多极化合成孔径雷达(SAR)成像卫星,发射于 2016 年 8 月 10 日,具备 12 种成像模式,可全天候、全天时监视监测全球海洋和陆地资源(张庆君,2017)。高分四号卫星发射于 2015 年 12 月 29 日,搭载了一台可见光 50 m/中波红外 400 m 分辨率、大于 400 km 幅宽的凝视相机,具备可见光、多光谱和红外成像能力,通过指向控制实现对中国及周边地区的观测(李果 等,2016)。高分六号卫星是一颗低轨光学遥感卫星,发射于 2018 年 6 月 2 日,配置了 2 m 全色/8 m 多光谱高分辨率相机(幅宽 90 km)、16 m 多光谱中分辨率宽幅相机(幅宽 800 km)(邱晨辉,2018)。高分七号卫星发射于 2019 年 11 月 3 日,搭载了双线阵立体相机、激光测高仪等有效载荷,突破了亚米级立体测绘相机技术,能够获取高空间分辨率光学立体观测数据和高精度激光测高数据(幅宽 20 km)(曹海翊 等,2020)。

(2)资源系列卫星

资源系列卫星是专门用于探测和研究地球资源的卫星星座,可分陆地资源卫星和海洋资源卫星,一般都采用太阳同步轨道。我国已陆续发射了资源一号、资源二号和资源三号 3 个卫星星座。当前使用的资源系列卫星主要有资源一号 02C 卫星、资源一号 02D 卫星、资源三号卫星、资源三号 02 卫星、资源三号 03 卫星。

资源一号 02C 卫星发射于 2011 年 12 月 22 日,搭载有两台空间分辨率为 2.36 m 的全色高分辨率相机(幅宽 54 km)以及一台空间分辨率为 5 m/10 m 的全色/多光谱相机(文雄飞 等,2012)。资源一号 02D 卫星发射于 2019 年 9 月 12 日,搭载的两台相机可有效获取 115 km 幅宽的 9 谱段多光谱数据以及 60 km 幅宽的 166 谱段高光谱数据,其中全色谱段分辨率可达 2.5 m、多光谱为 10 m,高光谱优于 30 m。资源三号卫星发射于 2012 年 1 月 9 日,搭载了一台地面分辨率 2.1 m 的正视全色 TDI CCD 相机、两台地面分辨率 3.6 m 的前视和后视全色 TDI CCD 相机、一台地面分辨率 5.8 m 的正视多光谱相机(赵聪,2019)。资源三号 02 卫星是 ZY3-01 的后续业务星,搭载了三线阵测绘相机和多光谱相机等有效载荷,前后视相机分辨率由 3.5 m 提高到优于 2.5 m。资源三号 03 卫星是资源三号系列卫星的第三颗,与目前在轨的资源三号 01 卫星、02 卫星共同组成我国立体测绘卫星星座,重访周期从 3 d 缩短到 1 d(李莉,2020)。

(3)环境系列卫星

环境系列卫星是中国专门用于环境和灾害监测的对地观测系统的卫星星座,由光学卫星和雷达卫星组成,拥有光学、红外、超光谱等不同探测方法,有大范围、全天候、全天时、动态的环境和灾害监测能力。当前使用的环境系列卫星主要有 HJ-1A 卫星、HJ-1B 卫星、HJ-2A 卫星、HJ-2B 卫星。

HJ-1A 卫星和 HJ-1B 卫星发射于 2008 年 9 月 6 日。两颗星上均装载了两台 CCD 相机,其设计原理完全相同,联合完成对地刈幅宽度为 700 km、地面像元分辨率为 30 m、4 个谱段的推扫成像。此外,在 HJ-1A 卫星装载有 1 台超光谱成像仪,完成对地幅宽为 50 km、地面像元分辨率为 100 m、110~128 个光谱谱段的推扫成像;在 HJ-1B 卫星上还装载有 1 台红外相机,完成对地幅宽为 720 km、地面像元分辨率为 150 m/300 m、近短中长 4 个光谱谱段的成像。HJ-2A 卫星和 HJ-2B 卫星于 2020 年 9 月 27 日 11 时 23 分以一箭双星的方式发射,每颗卫星配置有 4 类光学载荷:16 m 相机、高光谱成像仪、红外相机、大气校正仪。其中 16 m 相机载荷由 4 台可见光 CCD 相机组成,通过视场拼接可提供幅宽为 800 km 的多光谱图像;48/96 m 分辨率高光谱成像仪幅宽为 96 km;48/96 m 分辨率的红外相机幅宽为 720 km;大气校正仪可在轨同步获取与 16 m 相机同视场的大气多谱段信息,进行大气辐射校正(冯海霞 等,2011)。

2.1.2　多源卫星数据管理系统

为实现多源卫星遥感数据的采集、入库、管理、查询等业务流程服务,省气科所研发了安徽省多源卫星数据管理平台。多源卫星数据管理系统主要涵盖各类原始影像、成果数据、业务产品数据的采集、存储、分发等业务,实现对多源卫星遥感数据按产品系列、数据类型等条件的采集与存储;业务人员可检索查询各产品系列数据信息,提交数据下载申请,由系统管理人员进行审核、分发给用户,实现数据的共享。

2.1.2.1　数据管理模块

(1)数据归档功能

实现包括 FY(风云)、MODIS、GF(高分)等 20 多类原始影像数据、业务产品、成果数据的导入归档;归档后,形成数据归档任务,再根据不同影像自动生成影像的缩略图及基础元数据后,将基础元数据信息写入系统,并将缩略图写入 HTTP(超文本传输协议)服务中,最后将影像移动到存储中与卫星、传感器、数据时间相关的特定目录中,从而实现数据从采集到归档的自动化流程。通过数据归档任务,然后上传待归档数据至归档任务指定的目录下。系统后台对归档申请记录进行轮询,采用统一的归档接口,实现对所有数据按照编目规则进行统一归档处理,也可通过创建下载任务进行数据归档。通过 FTP(文件传输协议)服务器下载数据,下载完成后自动调用统一的归档接口进行归档处理。

(2)原始影像管理

实现各类卫星原始影像入库申请,并自动入库。以订单的形式形成原始数据下载列表,提供数据在线下载申请。

(3)数据检索功能

以列表形式展现各产品类型归档数据信息,按照原始影像、成果数据、业务产品数据等类型对产品系列进行分类,提供数据时间段、数据类型、卫星、传感器等条件的组合查询,并提供数据下载入口。原始影像可通过行政区域、卫星、传感器、云量及数据时间等检索相关的影像,并以列表的方式呈现出来。

2.1.2.2 数据存储模块

系统采用分布式存储对数据进行统一管理,主要包括分布式存储服务器的编目配置、归档参数的配置,实现对各类遥感影像数据、专题产品数据的原始数据、过程数据和再加工数据的统一集中化管理。数据存储为分布式存储,采用 Ceph(分布式文件系统),结合 Ceph(分布式文件系统)与 Sabra 搭建,采用 Link(连接)的方式以文件系统提供给多源卫星数据管理系统使用。在系统中,将要在存储系统中划分影像源数据目录、静态文件目录、公共数据目录、数据采集目录等。

2.1.2.3 订单分发管理模块

订单分发管理模块是为用户提供订单式服务的管理系统,主要包括:订单申请、订单审核、订单分发、订单记录及查询功能。

(1)订单申请

对于不同级别用户按照权限设定,给予其申请资料级别,提出订单要求。

(2)订单审核

所有用户的订单以列表的形式全部显示出来,管理员可以对订单查询、删除、编辑、审核和历史订单查询,还可以创建新的订单,也可以对订单人员发送短信提醒。

(3)订单分发

对于业务应用:开放完全的分发权限,按照检索结果下载所需数据,并提供可选择的实时数据推送功能,一旦业务员选中该功能,在一定时间内下载成功的数据自动推送至指定位置。

对于普通用户:基于原始数据的共享要求,要求系统做到数据需求逐条定制,由系统审核用户权限是否合格后,提醒管理员有数据需求,管理员审核后只需确定为可以分发数据,系统根据前期用户提交的格式化申请,自动查找数据进行发放。

(4)订单记录及查询

对于未审核、已审核、待发放、已发放完毕订单,分为原始数据级别、成果数据、业务产品级别,形成订单记录,具备分类查询功能。

2.1.2.4 统计分析模块

统计分析功能涉及有归档统计、卫星数据统计、成果数据统计、数据订单统计、用户信息统计,具体如下。

归档统计:统计截止到当天为止,下载数据与导入数据的影像数目。

卫星数据统计:统计截止到当天为止,按卫星分类,各种卫星的影像数目。

成果数据统计:统计截止到当天为止,按成果数据类型(预处理)分类,各种成果数据数目。

数据订单统计:统计截止到当天为止,所有通过审核的订单中,按卫星分类,所有数据订单中的影像数目。

用户信息统计:统计截止到当天为止,系统所有用户类型的用户数。

2.1.2.5 系统管理模块

(1)用户管理

用户管理功能提供用户信息的增加、修改、角色管理、重置密码等基本维护管理功能;系统管理员可通过用户管理功能添加账号与用户信息。

（2）角色管理

角色管理功能提供角色查询、详情查看、角色增加、角色修改、关联权限功能；不同的角色分配不同的菜单或权限，用户的角色决定着其对系统的访问权限，如用户关联超级管理员角色，则其可访问系统所有功能，如日志查看角色仅能查看系统日志，用户仅关联日志查看角色，则其仅可访问系统的日志查看。

（3）资源管理

资源管理功能主要配置资源属性、资源类型、资源地址、菜单目录结构等。提供添加、修改、删除、树形结构展示数据层次。

（4）日志管理

日志管理功能提供用户对整个系统进行操作的状态信息记录的查询，可查询根据时间，操作人查询详细状态信息；支持根据时间，操作人查询操作时间、操作人、操作内容等详细信息。

（5）数据字典

数据字典是系统中关键字段的数据配置。树形结构展示数据层次，可进行添加、修改、删除。

2.2 卫星遥感应用现状

随着遥感应用体系的壮大和遥感服务能力的增强，省气科所遥感应用水平持续提升、应用领域不断拓展。一方面，在天气气候、灾害监测等传统应用领域持续发力，另一方面，不断拓展多源卫星遥感应用场景，融入基层治理体系，并取得了一些成果。下面从遥感业务服务内涵、遥感应用能力建设、遥感业务体系建设三个方面对安徽省卫星遥感应用现状进行详细介绍。

2.2.1 安徽省遥感业务服务内涵

省气科所承担的业务包括 FY-3，FY-4 两套卫星直收站遥感数据接收存储分发以及维修维护；接收国家卫星气象中心推送及通过网络下载高分、雷达等多源卫星数据，预处理后存储分发；多类型生态遥感产品制作（国家局业务规范）。目前安徽省气象局卫星数据种类、数量、质量在全国气象卫星行业包括部分其他遥感相关行业内属先进水平。服务产品包括植被指数、苗情长势、微波干旱、热异常（秸秆和林火）、洪涝水情、巢湖蓝藻、积雪、雾、城市热岛、地表高温、陆地植被生态等气象卫星遥感监测产品以及主要农作物种植面积监测、农闲田面积监测、大棚分布监测、固废监测、裸地监测、违章建筑监测、重大工程进度监测、城市绿地监测、主要水体变化监测和河湖"四乱"监测等高分卫星遥感监测产品。近年来根据国家卫星气象中心、中国气象局观测司、应急司，安徽各级政府、省统计局、省应急局、省生态环境局、局内兄弟单位等部门的具体需求开展了一系列业务服务，涵盖秸秆禁烧、绿色发展、灾情调查、生态变化等多个方面。例如，研发的联合卫星云信息的多雷达估测降水技术，在国家级科研业务单位开展应用，并成为中国气象局高分辨率三维格点实况产品中分钟级定量降水产品的核心算法；基于人工智能深度学习等方法利用风云卫星资料研发了降水云团识别、降水反演、预报和预警技术，应用于中小流域预报预警；利用合成孔径雷达数据开展全天候洪涝灾害滚动监测，多次被央视"新闻直播间""东方时空"等节目报道，制作完成 14 期洪涝监测报告上报省政府，并全文收录于《2020 年安徽省洪涝灾害调查评估报告》。承担全省秸秆禁烧卫星遥感监测工作，为大气污染防治提供技术支持和信息服务;基于碳卫星反演全省 CO_2(二氧化碳)柱浓度时空变化特征,为温室气体及碳中和监测评估安徽分中心建设提供支撑;利用生态遥感监测数据科学构建全省绿色发展监测指标体系,为省统计局提供的大气环境指数、温湿适宜频率指数、植被指数 3 个指标被纳入全省绿色发展季度监测体系(共计 19 个指标);在合肥市肥东县、六安市金寨县、宿州市砀山县等县域开展裸地和固废堆放、生态红线内人类活动痕迹、林地覆盖及生态质量、森林火险、城市热岛、农作物种植面积、长势、病虫害及产量等监测评估,获得当地政府部门认可;开展濉溪县土地覆盖物长时间序列变化监测为相关部门的司法取证和社会治理提供关键证据。

2.2.2 安徽省遥感应用能力建设

为满足新体系下遥感业务服务需求,各级遥感应用部门积极开展多源卫星融合应用技术攻关,以卫星遥感业务流程智能数字化改造为方向,发展"云+端"业务模式,构建集约化、标准化、开放融合的遥感综合应用新业态,推进遥感业务全流程质量管理体系建设,培育专业人才队伍。科技创新方面:研发了基于多源资料的分钟级降水监测技术、全天候洪涝遥感监测技术、气象站探测环境遥感评估等技术方法在部门内外推广应用,其中"气象探测环境的卫星遥感评估方法及应用研究"在 2021 年度安徽省科学技术奖综合评审中被推荐为三等奖。平台建设方面:开发完成"安徽省多源卫星数据管理""安徽省大气环境卫星监测""新一代卫星遥感产品人工智能算法"等综合业务服务平台和模块,实现数据管理分发、应用服务的"云化"改造,推动人工智能等技术在遥感产品制作中的应用,解放生产力,提升效率。链条延伸方面:市、县级高分中心获得财政专项遥感科技服务经费支持,开发集数据管理、产品生产与应用服务的软件系统,并通过与省平台互联互动增强本地遥感业务技术能力和遥感产品应用能力,推进县域空间信息应用产业化发展。管理体系方面:依托气象观测质量管理体系建设,率先完成"卫星遥感数据产品管理程序""卫星观测数据产品制作作业指导书""卫星遥感数据存储汇集作业指导书""卫星遥感数据接收处理作业指导书"等一系列全流程的业务规范,提升遥感应用的质量管理水平。人才团队方面:牵头长三角环境气象创新团队遥感工作组建设,组建了省、市、县三级联合的"生态气象与卫星遥感"创新团队,在专业遥感高层次人才培养方面取得显著成效,两名遥感应用方向的博士分别入选 2020 和 2021 年度中国气象局"青年气象英才"。通过各级遥感应用能力建设,省、市、县互通互融、场景应用的业务服务链条已基本贯通,形成了面向不同需求的解决方案。

2.2.3 安徽省遥感业务体系建设

安徽省气象部门在已有卫星遥感体系建设的基础上,抓住各级高分中心建设的机遇,与省委相关部门合作,在省、市、县三级布局"气象+高分"卫星综合应用的互通互融架构,取得显著进展和成效。2018 年 11 月,省委相关部门与省气象局商定共建"高分辨率对地观测系统安徽数据与应用中心",由省气科所和省国防科技情报研究所具体实施。2019 年底宿州市气象局成立"高分辨率对地观测系统安徽省宿州市数据与应用中心",宣城市气象局成立"安徽省生态气象和卫星遥感中心宣城市分中心"。2021 年 5 月,省气象局致函省委相关部门,商请设立高分应用研发中心。6 月,省委相关部门复函支持省气象局组建"高分辨率对地观测系统安徽气象应用研发中心"(皖融科办函〔2021〕159 号)。7 月,高分辨率对地观测系统安徽应用研发中心成立,并挂靠省气科所。之后,东至等 5 个县依托当地气象部门,相继成立了由当地政府主管,由省气科所、相关高校、科研院所和企业技术支撑,面向气象、农业、生态等多领域的县级高分中心,并结合具体需求,开展特色技术攻关和遥感服务。通过省、市、县三级高分中心的建设,当地政府根据需求以增设机构和人员编制、增加项目投入、购买服务等方式增强遥感服务力量,全省承担卫星遥感应用的机构和人员力量得到显著加强。以宿州为例,当地成立了依托气象部门的、实体化运行的法人单位"高分辨率对地观测系统安徽省宿州市数据与应用中心"(事业单位法人代码 12341300MB1H27366C),并增设了 4 名人员编制,从事专业遥感服务,增强了基层遥感应用服务能力和人才队伍。

2.3 本章小结

本章系统介绍了省气科所多源卫星数据获取及应用情况。接收的卫星数据既包括"风云"系列、NOAA 系列、葵花系列、EOS 系列等气象卫星数据,又包括高分系列、资源系列、环境系列等高分辨率卫星遥感数据,还包括吉林、北京、高景等商业高分辨率卫星遥感数据,同时为实现多源卫星遥感数据的采集、入库、管理、查询等业务流程服务,省气科所研发了安徽省多源卫星数据管理平台。数据的全面性有效保证了卫星遥感业务的顺利开展。本章还系统介绍了省气科所的业务服务情况以及近年来在卫星遥感应用体系建设方面取得的一系列成果。

第3章
农田生态气象

农田生态系统是人类为满足生计需要,干预自然生态系统,依靠土地资源,利用农作物的生长生殖来获取物质产品而形成的人工生态系统。随着科技的进步,通过遥感设备,可以自动地收集农田的图像数据,包括农田的位置、面积、作物种类、生长状态等信息,然后,通过图像识别和数据挖掘技术,可以从图像数据中提取出有用的农情数据。此外,遥感监测技术可以全面、精准地了解农田的状况,包括土壤质量、水源状况、植被覆盖度等信息,预警干旱风险。相比于传统的人工调查,遥感监测技术的优势在于其快速、精准和全面,正在农田生态系统气象监测中发挥着越来越重要的作用。

3.1 农田生态气象监测评估指标和方法

安徽省位于长江、淮河中下游,长江三角洲腹地,农业资源丰富,是我国典型的农业生产活动区。淮河以北是大平原,土地肥沃,适合小麦和其他粮食作物生长;淮河以南则多山地、丘陵,气候温暖湿润,适合种植水稻。安徽省是我国重要的农业生产基地,其耕地面积占到了全国耕地面积的 3.4%。生产的粮食产量约占全国粮食总产的 1/6,提供的商品粮约占全国总数的 1/4,在我国农业和经济发展中占有举足轻重的地位(许朗 等,2011;王情 等,2014)。安徽省属于一年两熟作物种植区,夏粮以冬小麦为主;秋粮中北部地区多种植夏玉米,南部沿淮地区多种植一季稻。统计结果显示,2021 年安徽粮食播种面积 10964.4 万亩[①],居全国第 4 位,比上年增加 29.4 万亩。

农田生态系统监测主要依托气象综合监测网络、多源卫星遥感和其他多种监测手段,开展大气、生物、土壤和水以及相关灾害发生的变化的生态气象监测。选择单一或多个指标,定期或不定期地分别进行土壤水分、作物种植分布、气象灾害等要素的分析或评价。

3.2 农业气象资源

1961—2018 年,安徽省多年平均≥10 ℃积温为 5267.1 ℃·d,其变化范围介于 4931.0～5658.9 ℃·d,2018 年是最高的一年,最低年份出现 1991 年,两者相差 727.9 ℃·d。≥10 ℃积温呈现明显的年代际特征,2000 年以前较常年(1991—2020 年平均值为 5389.5 ℃·d)偏少,特别是在 20 世纪 70 年代和 80 年代,而 2000 年以来则持续偏多。同时期内,多年平均≥10 ℃

---

① 1 亩＝1/15 hm²,下同。

日数为 248 d,其变化范围介于 232.1～266.2 d,2004 年是最多的一年,最少年份出现在 1969 年,两者相差 34.1 d,其年代际变化特征与 ≥10 ℃积温的基本一致。从变化趋势来看,随着气候变暖 ≥10 ℃积温及其日数分别以 70.7 ℃·d·(10 a)$^{-1}$ 和 2.8 d·(10 a)$^{-1}$ 的线性速率显著增加,近 57 a 分别增加了 403 ℃·d 和 16 d。

1961—2018 年,安徽省多年平均无霜期 244 d,其变化范围介于 212～291 d,2018 年是日数最多的一年,最少年份出现在 1991 年,两者相差 79 d。无霜期时间序列大致以 1997 年为分界点,分为 1961—1996 年和 1997—2018 年两个阶段,前一个阶段内无霜期日数以偏少为主,无明显的变化趋势,以年际波动为主;后一个阶段内无霜期日数以偏多为主,其不断上升至 2018 年达峰值。

在气候变暖背景下,安徽省农业生产热量条件更为充足,无霜期延长,对该区域农业生产有着积极的影响,但夜间温度上升使得作物呼吸作用增强,生育进程加快,不利于干物质的积累,对作物的最终产量形成产生不利影响。

3.3 土壤相对湿度

土壤相对湿度是土壤的干湿程度,除地面观测外,卫星反演微波遥感土壤相对湿度可以提供区域尺度上的土壤相对湿度信息,是今后区域尺度上监测土壤相对湿度的重要手段。

3.3.1 淮河流域表层土壤相对湿度时空特征

微波遥感对云、雾有较强的穿透能力,具备全天时、全天候的优势(黄勇 等,2017)。针对欧洲卫星气象中心(EUMETSAT)基于卫星遥感而研发的面向水文气象卫星应用产品(H-SAF)中的土壤水分指数(SM-DAS-2)产品,分析淮河流域表层土壤相对湿度的时空分布特征。

淮河流域作为干湿地区的过渡带,干湿度随季节变化明显。从全年平均的空间分布(图 3.1a)来看,淮河流域的土壤相对湿度总体上呈现随纬度升高而降低的"南高北低"空间分布规律。与地面观测站监测的表层土壤相对湿度相比,两者相关性较好(相关系数为 0.51,通过置信度 0.05 的 t 检验)。即空间分布上,土壤相对湿度和日降水量之间总体上有着较好的一致性:降水量大的区域,土壤相对湿度大;反之,降水量小的区域,土壤相对湿度小(图 3.1)。

春季,淮河流域土壤相对湿度具有显著的纬向分布特征(图 3.2a),随着纬度的升高,土壤相对湿度逐渐降低。

夏季,淮河流域的土壤相对湿度呈现出多个高值中心,且随纬度升高、土壤相对湿度降低的特征也不显著(图 3.2b)。淮河流域及周边区域内,存在多个主要的湿区中心,分别位于淮河中部和东北部、大别山区、皖南山区、长江中游、山东丘陵区以及伏牛山附近。

秋季,土壤相对湿度的空间分布与夏季较为相似,只是伏牛山和山东丘陵区的高值中心消失,并且在土壤相对湿度的数值上总体有所降低(图 3.2c)。降水和土壤相对湿度的空间分布特征大体相似,但存在一些差异。主要表现为:①大别山区的高土壤相对湿度区均未对应有大降水中心;②沿淮区域出现的高湿度中心也未对应有大降水中心。

就冬季而言,土壤相对湿度在总体保持"南高北低"这种分布规律的基础上,还在长江中游、皖南山区和沿淮出现了 3 个高湿中心(图 3.2d)。

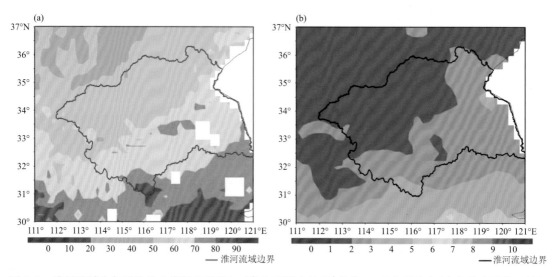

图 3.1　淮河流域全年平均的土壤相对湿度(a,%)和日降水量(b,单位:mm)空间分布(白色代表无值,下同)

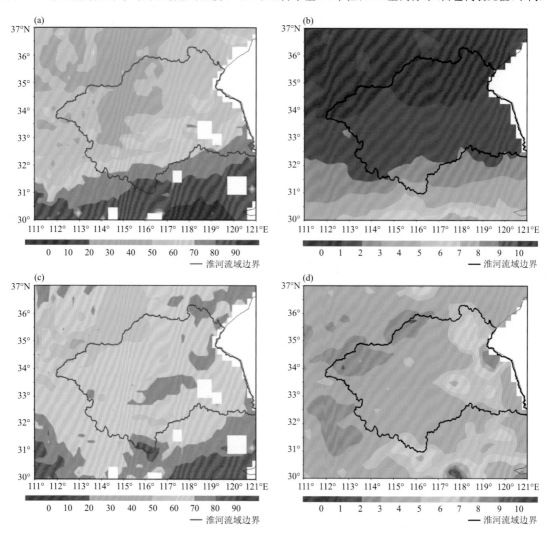

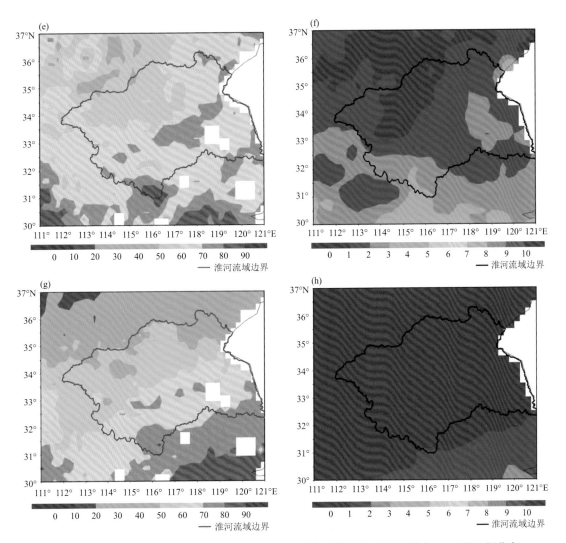

图 3.2　淮河流域季节平均土壤相对湿度(a、c、e、g,%)和降水(b、d、f、h,单位:mm)的空间分布
(a、b)春季;(c、d)夏季;(e、f)秋季;(g、h)冬季

　　以上分析表明,SM-DAS-2 产品能够有效地描绘出安徽土壤表层水分含量的空间分布。就淮河流域而言,土壤相对湿度呈现出了"南高北低"的特征,并且在山区和河流附近(沿长江、沿淮河),土壤表层的水分含量较高。从表层土壤相对湿度与降水量空间分布的对应关系来看,总体上两者具有较好的对应关系,但这种对应关系在山区和河流沿岸存在着不一致性。从时间上看,夏季是淮河流域表层土壤相对湿度与同期降水相关性最好的季节,总体上降水发生3 d 以后表层土壤相对湿度才会对降水的变化产生响应,土壤相对湿度对降水变化的响应时间最长能延长到 10～15 d。

3.3.2　光学与微波数据协同反演农田区土壤相对湿度

　　由于微波土壤水分指数(SM-DAS-2)产品分辨率较粗,不能满足区域或流域相关业务的需求,因此,需要对土壤相对湿度产品进行空间降尺度。土壤相对湿度降尺度方法 UCLA 法被证实适合在半干旱地区使用。利用 FY-3/VIRR 资料反演得到的温度植被干旱指数(TV-DI)对多层微波土壤水分产品 SM-DAS-2 实现降尺度融合,得到 1 km 分辨率的土壤水分监测产品。

从 2014 年 11 月 4 日 0~7 cm 层与 7~28 cm 层的降尺度前后对比可以看出,降尺度后土壤相对湿度空间分异更加精细,降尺度后与标准化站点观测值的绝对误差的平均值由 12% 下降到 10%,可见降尺度后能更好地表征土壤相对湿度的空间分异(图 3.3、图 3.4)。

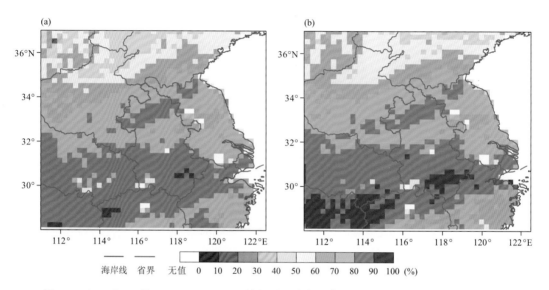

图 3.3　2014 年 11 月 4 日 SM-DAS-2 土壤相对湿度产品降尺度前原始 25 km 分辨率产品图
(a)0~7 cm;(b)7~28 cm

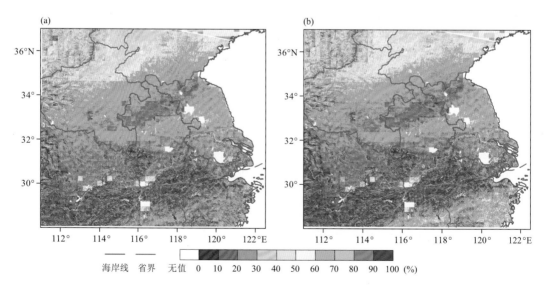

图 3.4　2014 年 11 月 4 日 SM-DAS-2 土壤相对湿度产品降尺度后 1 km 分辨率产品图
(a)0~7 cm;(b)7~28 cm

3.4 农业气象灾害

农业气象灾害是不利气象条件给农业造成的灾害。由温度因子引起的有热害、冻害、霜冻、热带作物寒害和低温冷害等;由水分因子引起的有旱灾、洪涝灾害、雪害和雹害等;由风引起的有风害;由气象因子综合作用引起的有干热风、冷雨和冻涝害等。本小节主要针对干旱和洪涝灾害进行阐述。

3.4.1 干旱灾害监测

干旱是一种因长期无降水或降水异常偏少而造成土壤缺水的气候现象,干旱是安徽省农业生产上最严重的一种农业气象灾害。

根据自动土壤水分站观测获得的土壤相对湿度及其农业干旱等级标准(GB/T 32136—2015),研制基于微波监测的土壤水分干旱等级标准(表 3.1),实现安徽省农田干旱逐日和空间(1 km)分辨率的较高精度的监测。

表 3.1　微波监测的土壤水分干旱等级标准

等级	类型	微波土壤水分指数(SM-DAS-2)产品/%	深度土壤相对湿度(R)/%
1	无旱	SM-DAS-2>83	$R>60$
2	轻旱	52<SM-DAS-2≤83	$50<R≤60$
3	中旱	41<SM-DAS-2≤52	$40<R≤50$
4	重旱	30<SM-DAS-2≤41	$30<R≤40$
5	特旱	SM-DAS-2≤30	$R≤30$

2022 年入夏以来(6 月 1 日—8 月 26 日),安徽省平均降水量 342 mm,较常年(1991—2020 年平均值)同期偏少近 4 成,出现 3 次区域性干旱过程。为评估土壤干旱发展程度,利用微波同化数据对全省土壤旱情进行遥感监测。监测结果显示:随着高温天气的发生发展,安徽省淮河以南干旱程度快速加重,期间,江淮、沿江江南、大别山区北部土壤表层陆续出现大范围重度以上干旱(图 3.5)。

(1)全省出现 3 次区域性干旱过程,干旱范围广。全省最大受旱面积达 11.2 万 km²,占全省面积的 79.9%。7 月、8 月土壤表层 0~7 cm 干旱面积占全省面积超 30% 的日数分别是 5 d、21 d,超 50% 的日数分别是 2 d、17 d;7 月、8 月耕作层 7~28 cm 干旱面积占全省面积超 30% 的日数分别是 5 d、18 d(图 3.6)。

(2)江淮之间干旱持续时间长、强度强。江淮中西部六安市等地旱情强度强,干旱持续时间接近 3 个月(图 3.7)。最大频次土壤表层 0~7 cm 69 次和耕作层 7~28 cm 80 次,反映几次弱降水没能缓减耕作层旱情。

3.4.2 洪涝灾害监测

由于大雨、暴雨引起河流泛滥、山洪暴发,淹没农田,毁坏农业设施,或因雨量过于集中,农田积水,造成洪灾和涝灾。利用卫星遥感技术可以快速、动态、精确地监测江河、湖泊、水库水体面积的时空动态变化(张薇 等,2012)。NOAA/AVHRR、EOS/MODIS、FY-3/MERSI、

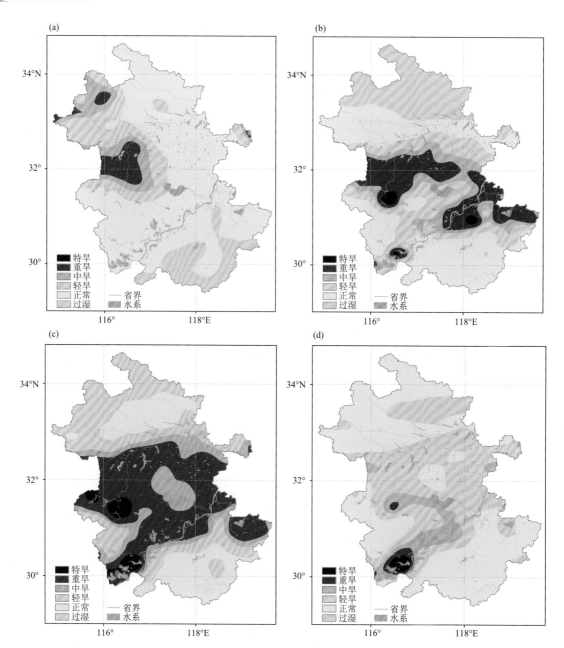

图 3.5　安徽省 2022 年 6 月 15 日(a)、7 月 15 日(b)、8 月 15 日(c)、8 月 26 日(d)
土壤表层(0～7 cm)干旱遥感监测图

Landsat8/OLI、GF-6/WFV、Sentinel-2/MSI 等光学遥感影像数据先后被用来监测洪水淹没区域、提取面积(郭立峰 等,2015;王大钊 等,2019)。由于洪涝灾害发生期间,通常伴随着连续阴雨天气,影响光学遥感影像监测的准确性、时效性。星载合成孔径雷达(Synthetic Aperture Radar,SAR)具有全天候、全天时对地观测能力,不受云雨影响、数据时空分辨率较高等优势。近年来,随着 SAR 技术的发展,雷达卫星种类和数量逐年增加(黄萍 等,2018;杨魁 等,2015),特别是欧洲航天局的哨兵 1 号(Sentinle-1)、我国高分三号(GF-3)雷达遥感卫星发

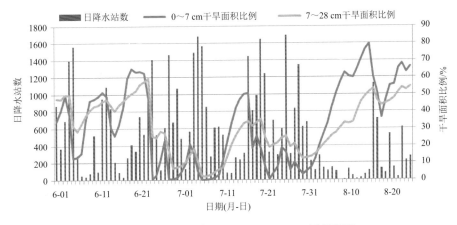

图 3.6　安徽省土壤 0～7 cm、7～28 cm 干旱面积

占全省面积百分比时间序列图

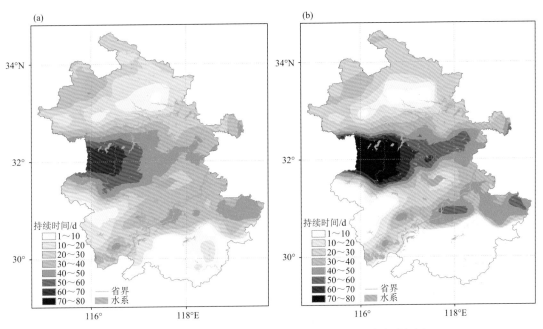

图 3.7　安徽省 2022 年 6 月 1 日—8 月 25 日干旱持续时间图

（a）土壤表层 0～7 cm；（b）耕作层 7～28 cm

射以来，为 SAR 数据连续动态监测洪水灾害提供了数据支撑（崔斌 等，2020）。

3.4.2.1　基于光学和雷达卫星的水体监测

（1）高分多光谱卫星水体监测

2016 年 7 月安徽省多地出现洪涝灾害。受雨涝影响，大量圩区先后破圩和蓄洪，其中巢湖流域庐江县白湖农场的东大圩、沿江南陵县西七圩等均出现洪涝水体。利用 2016 年 5 月 11 日、7 月 8 日和 7 月 25 日高分卫星灾前、灾中和灾后影像、安徽省高程和巢湖流域庐江县白湖农场的东大圩、沿江南陵县西七圩边界地理信息数据，提取巢湖流域庐江县白湖农场的东大圩、沿江南陵县西七圩洪水淹没区数据。

2016年7月1日，庐江县白湖农场东大圩蓄洪，7月8日受淹面积59.5 km²（部分地区受云影响），主要为耕地，25日监测受淹区域变化不大，仅可见少量坝埂露出水面（图3.8）。破圩后，这些圩区的大部分水域位于河道两侧低洼的农作物种植区域内。2016年7月4日南陵县漳河边西七圩破圩，8日受淹面积约23.3 km²，25日部分区域已退水，受淹面积约12.03 km²（图3.8）。

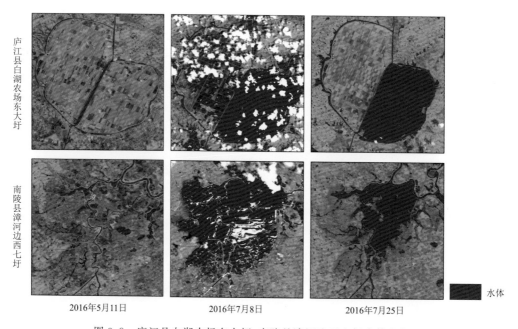

图3.8 庐江县白湖农场东大圩、南陵县漳河边西七圩水体变化图

（2）雷达卫星的水体监测

①数据预处理

采用欧洲航天局开发的哨兵系列数据处理软件（Sentinel Applications Platform，SNAP）进行数据预处理。主要的预处理包括轨道纠正、边缘噪声移除、热噪声去除、滤波、辐射定标、地形校正、地理编码、分贝化，重采样得到分辨率为10 m、UTM投影（等角横轴割圆柱投影）分贝化的后向散射系数数据。最后，对同天同轨相邻或者不同天临近轨道的两幅Sentinel-1A IW GRD影像进行镶嵌。

②水体提取方法

采用两个双极化的后向散射系数乘积进行增强处理，即为双极化水体指数（Sentinel-1 Dual-polarized Water Index，SDWI）：

$$SDWI = \ln(10 \times \sigma_{VV} \times \sigma_{VH}) \qquad (3.1)$$

式中：σ_{VV}和σ_{VH}分别表示在VV和VH极化通道水体的后向散射系数分贝化后的值。

基于预处理后SAR图像，采用改进的Otsu算法（大津法）获取水体和其他地物分割的最佳阈值，实现水体信息的提取（汤玲英 等，2018）。

③山区水体提取方法

针对阴影引起的虚假信息误提的问题，根据安徽省地形特征，利用高程数据，统计区分山区和平原地区的高程阈值 T_0,根据高程阈值分别建立山区和平原地区水体提取方法。因为山区水体(水库、湖泊、河道)的坡度(Slope)一般较小,所以选用坡度作为山区水体提取的另外一个参数进行阈值分割,消除阴影的影响。最后,基于两期 SAR 影像,提取灾前和灾中的水体范围,叠加获取洪水淹没区,并统计区域内淹没面积,流程图见图 3.9。

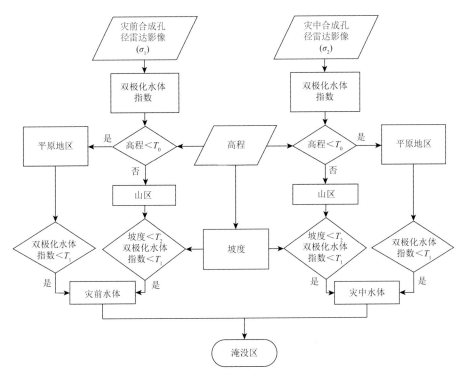

图 3.9　Sentinel-1A 影像的洪水监测流程图

(σ_1 和 σ_2 分别代表灾前 SAR 影像和灾中 SAR 影像各极化通道的后向散射系数;

T_1 和 T_2 分别代表双极化水体指数和坡度的阈值)

④2020 年雷达卫星洪涝监测案例

受 2020 年梅雨期间多轮次强降雨影响和长江水位持续偏高的顶托作用,巢湖流域出现世纪性洪水。利用 2020 年 7 月 15 日和 7 月 27 日 Sentinel-1A SAR 灾前和灾中影像、安徽省高程和巢湖流域边界地理信息数据,提取巢湖流域洪水淹没区(图 3.10、表 3.2)。基于改进的 Otsu 方法,得到提取水体的 SDWI 阈值为 8.25,洪水淹没区主要分布在巢湖四周的支流附近,监测到流域内灾前水体面积为 1341.8 km²,灾中水体面积为 1866.6 km²,巢湖流域内淹没面积为 524.7 km²。从表 3.2 可知,7 月 27 日巢湖流域内白石天河子流域受淹面积最大,为 110.2 km²,受灾较重;西河子流域次之,为 105.4 km²;第三是兆河子流域,为 92.9 km²,主要是东大圩泄洪导致。监测结果与洪水灾情实际调查情况符合。

2020 年梅雨期(6 月 10 日—7 月 31 日)淮河流域安徽片平均降水量为 656 mm,是常年(1981—2010 年平均值)同期(334 mm)近 2 倍,为历史同期第一。7 月 20 日王家坝水位站达到本次洪水的最高水位 29.76 m,居历史第二位。2020 年 7 月 20 日淮河安徽境内的蒙洼、南润段、邱家湖、姜唐湖、董峰湖、上六坊堤、下六坊堤、荆山湖 8 个行蓄洪区先后开闸泄洪,随后利用泄洪前(2020年7月3日和7月8日)和泄洪后的(2020年7月27日和8月1日)Senti-nel-1A SAR影像提取泄洪前后水体(图3.11)。8个行泄洪区新增水体面积见表3.3,上六坊堤、荆山湖的淹没面积百分比都在90%以上,蒙洼蓄洪区淹没面积百分比最小为62%。这是由于7月23日关闭王家坝闸,停止向蒙洼蓄洪区分洪,8月1日退水闸开闸退洪,蒙洼蓄洪区西部洪水退去,监测结果与实际统计结果不一致。

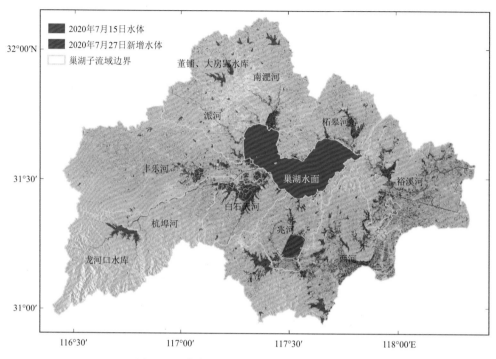

图3.10　巢湖流域洪水淹没范围监测结果图

表3.2　巢湖流域淹没面积监测统计

子流域	7月15日水体 面积/km²	7月27日水体 面积/km²	淹没水体 面积/km²	梅雨期子流域累计 面雨量/mm
白石天河	26.5	136.7	110.2	1116
西河	170.2	275.6	105.4	1105
兆河	30.0	122.9	92.9	1318
裕溪河	94.0	164.7	70.6	855
丰乐河	59.4	114.6	55.2	987
柘皋河	28.9	72.3	43.4	875
南淝河(董铺水库等)	76.7	102.5	25.8	882
派河	21.8	32.1	10.3	849
杭埠河(龙河口水库)	60.2	67.9	7.7	1115
巢湖水面	774.1	777.3	3.2	860
总计	1341.8	1866.6	524.7	—

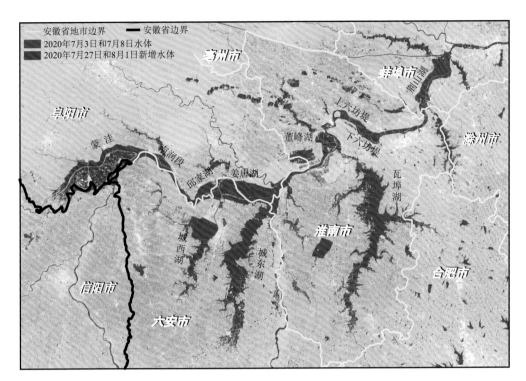

图 3.11 淮河安徽境内行蓄洪区洪水淹没范围监测结果图

表 3.3 淮河安徽境内行蓄洪区淹没面积统计表

行蓄洪区	行蓄洪区面积/km²	2020 年 7 月 3 日和7 月 8 日水体面积/km²	2020 年 7 月 27 日和8 月 1 日水体面积/km²	淹没水体面积/km²	淹没面积百分比/%
蒙洼	186.0	5.8	121.3	115.5	62
南润段	11.3	0.4	10.4	10.0	88
邱家湖	25.3	2.8	23.9	21.1	83
姜唐湖	114.4	8.4	107.0	98.6	86
董峰湖	39.9	0.6	35.1	34.5	86
上六坊堤	9.3	0.2	8.8	8.6	92
下六坊堤	19.3	4.7	18.6	13.9	72
荆山湖	68.1	2.1	64.4	62.3	91

3.5 作物气候生产潜力

作物气候生产潜力是指在当地自然光、热、水等气候因素的作用下,假设作物品种、土壤肥力、耕作技术等都得到充分发挥时,单位面积可能达到的最高产量(程纯枢 等,1986;赖荣生 等,2014;王小平,2011)。农业气候生产潜力定量表达了在一定气候、土壤及农业技术水平下农业生产或具体作物可能达到的生产能力,客观反映了某区域在一定时期内气候资源总量和配置状况对农业生产的优劣,是科学衡量区域粮食生产力、农业发展和人口承载力的重要指标之一(戴俊英 等,1998)。本小节主要针对作物气候生产潜力的重要影响因子地表蒸散以及淮河流域主要作物的气候生产潜力进行讨论。

3.5.1 地表蒸散

蒸散是地表能量平衡和水量平衡的重要组成部分,包括地表植物蒸腾和水分蒸发,是重要的农田生态气象关键因子之一。蒸散过程是土壤—植被—大气系统中水分转移、转化的重要一环,作为生态环境评估的重要环节,精确的蒸散量监测估算对于生态农业领域有着重大意义。

基于 Penman-Monteith(彭曼公式)模型农田参考作物蒸散量

利用安徽省 79 个国家级地面气象台站历史观测资料和地理信息数据,以及 GIS(地理信息系统)的空间分析功能,建立了基于 Penman-Monteith 模型的安徽省农田参考作物蒸散量 ET_0 估算技术流程,分析安徽省农田参考作物蒸散的时空分布规律,从而为总体上把握作物需水的地区差异及该地区干湿状况分布提供依据。

(1)Penman-Monteith 方法模型

采用 FAO(联合国粮食及农业组织) Penman-Monteith 模型计算农田参考作物蒸散量 ET_0:

$$ET_0 = \frac{0.408\Delta(R_n - G) + \gamma\dfrac{900}{T+273}U_2(e_s - e_a)}{\Delta + \gamma(1 + 0.34U_2)} \tag{3.2}$$

式中:ET_0 为日农田参考作物蒸散量($mm \cdot d^{-1}$);R_n 为冠层表面净辐射($MJ \cdot m^{-2} \cdot d^{-1}$);$G$ 为土壤热通量($MJ \cdot m^{-2} \cdot d^{-1}$);$e_s$ 为饱和水汽压(kPa);e_a 为实际水汽压(kPa);Δ 为饱和水汽压—温度曲线斜率(kPa·℃$^{-1}$);γ 为干湿球常数(kPa·℃$^{-1}$);U_2 为 2m 高处的风速($m \cdot s^{-1}$);T 为平均气温(℃)。该模型在安徽应用时,马晓群等(2009)利用安徽省实测的辐射资料对辐射项参数(a、b 值)进行了修正,得到代表站各月 a、b 值,其余参数采用原模型推荐值,根据式(3.3)计算得到 R_{ns}:

$$R_{ns} = (1 - \alpha)(a + b\frac{n}{N})R_a \tag{3.3}$$

式中:R_{ns} 为太阳净辐射($MJ \cdot m^{-2} \cdot h^{-1}$);$n$ 为日照时数(h);N 为可照时数(h);R_a 为宇宙辐射($MJ \cdot m^{-2} \cdot h^{-1}$);$a$、$b$ 分别为辐射项参数;α 为常数项,一般取 0.23。

(2)蒸散量时空分布特征

安徽省 40 a 平均农田参考作物蒸散量为 861 mm;年农田参考作物蒸散总量约为 1202×10^8 t。多年平均农田参考作物蒸散量的空间分布如图 3.12 所示。空间分布基本呈自北向南、自低向高递减趋势,高值区位于淮北中北部、低值区位于皖南山区和大别山区。安徽省 40 a 平均农田参考作物蒸散量各地变化幅度为 685~961 mm,平原地区为 725~940 mm,淮北中部和沿淮局部达到 940 mm 以上。

安徽省农田参考作物蒸散量逐月及季节分布极为不均匀。由图 3.13 可以看出,各月农田参考作物蒸散量呈单峰抛物线变化趋势,存在明显的季节变化特征,峰值出现在 7 月,以 5—8 月最多,11 月—次年 2 月最低。总体上,蒸散量夏季最大,春季高于秋季,冬季最小。农田参考作物蒸散量主要受太阳辐射、气温、湿度、日照时数、风速以及导致地表温度和热量平衡变化

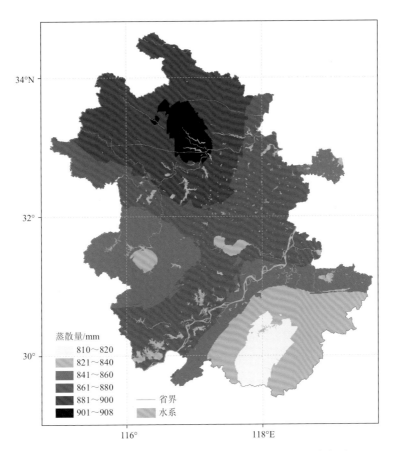

图 3.12 安徽省 40 a 平均农田参考作物蒸散量空间分布图

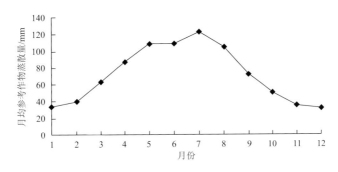

图 3.13 逐月平均农田参考作物蒸散量变化趋势

的海拔与地形变化的影响。春、夏季太阳辐射强烈、日照时间长、气温高、风速大,延长了白天蒸散的时间和提高了蒸散的效率,导致农田参考作物蒸散量偏高,秋、冬季则正好相反,因此,表现出夏季蒸散高、冬季蒸散低的特征。一年之中,农田参考作物蒸散量的高值集中在春、夏季(3—8 月),多年平均为 596 mm;秋、冬季(9 月—次年 2 月)的农田参考作物蒸散量的数值较小,多年平均约为 265 mm。

3.5.2 淮河流域作物气候生产潜力

3.5.2.1 气候生产潜力的计算方法

由于淮河流域地理跨度较大,境内地理气候多样,作物品种各异,自南向北发育期有所差异,因此,按照作物农业气候分区分别确定各作物发育期(表3.4)。

表3.4 淮河流域冬小麦、夏玉米和一季稻全生育期

作物	淮北	沿淮
冬小麦	10月中旬—次年5月下旬	10月下旬—次年5月下旬
玉米	6月上旬—9月中旬	/
水稻	/	5月上旬—10月中旬

注:/表示该区域未种植该作物。

光合生产潜力是指在环境因子、作物因子以及农业技术措施均处于最佳状态时,在当地自然条件下仅由光能资源和作物群体光合效率决定的单位面积可能达到的最高产量。

光温生产潜力是指在一定的光、温条件下,在农业生产条件得到充分保证,无不利因素的条件下,其他环境因素和作物群体因素均处于最适宜状态时,利用当地的光、温资源能实现的最大生产能力,通常采用光合生产潜力乘以温度订正函数进行估算(王小平,2011)。

气候生产潜力根据太阳辐射、量子效率等计算作物的光合生产潜力,并用温度和水分进行逐级订正,得到气候生产潜力(谢云 等,2003):

$$Y_C = Y_P \times F(T) \times F(W) \tag{3.4}$$

式中:Y_C 为气候生产潜力;Y_P 为光合生产潜力;$F(T)$ 为温度订正函数;$F(W)$ 为水分订正函数。其中光合生产潜力(Y_P)的计算公式为(侯光良 等,1985):

$$Y_P = Ch \times f(Q) = Ch \times \sum Q \varepsilon \alpha (1-\rho)(1-\gamma)\varphi(1-\omega)(1-X)^{-1} H^{-1} \tag{3.5}$$

式中:Y_P 为光合生产潜力;Ch 是作物经济系数,表示经济产量与生物学产量之比,经济系数因作物种类、品种、自然条件和栽培措施而不同,冬小麦取 0.4,玉米取 0.45,水稻取 0.5;$\sum Q$ 为作物生长季内太阳总辐射;ε 为生理辐射系数,通常取 0.49;α 是作物群体的吸收率,在整个作物生育期间里,可写成随叶面积增长的线性函数 $\alpha = 0.83\dfrac{L_i}{L_0}$,式中 L_0 为最大叶面积系数,L_i 为某一时段的叶面积系数;ρ 是无效吸收率,取 0.1;γ 是光饱和限制率,取 0;φ 是量子效率,取 0.224;ω 是呼吸损耗率,取 0.3;X 是有机物含水率,取 0.08;H 为每形成 1 g 干物质所需要的热量,为 $17.765 \times 10^3 \, \text{kJ} \cdot \text{kg}^{-1}$(李忠辉 等,2010;戴俊英 等,1998;佟屏亚 等,1996;董子梅,2009)。

叶面积系数:冬小麦和一季稻利用淮河流域境内安徽省农业气象观测站实测值,夏玉米由于观测站点少,采用叶面积指数增长普适模型(王小平,2011)计算:

$$RLAI = \frac{1}{1 + e^{(10.5038 - 23.5066 \times DS + 9.3053 \times DS^2)}} \tag{3.6}$$

式中:RLAI 为某日归一化后的叶面积指数;DS 为积温归一化数值。

温度订正:订正公式为(何永坤 等,2012):

$$F(T) = \frac{(T - T_1) - (T_2 - T)^B}{(T_0 - T_1) - (T_2 - T_0)^B} \tag{3.7}$$

$$B = (T_2 - T_0)/(T_0 - T_1) \tag{3.8}$$

式中：T 为逐旬平均气温；T_1、T_2 和 T_0 分别是该时段内作物生长发育的下限温度、上限温度和最适温度，且当 $T \leqslant T_1$ 时，$F(T) = 0$。

冬小麦、夏玉米和一季稻的三基点温度见表 3.5，三基点温度是某一范围的温度，在计算中取中值。

表 3.5　冬小麦、夏玉米和一季稻各发育期的三基点温度　　　　　　　　　　　　单位：℃

作物	发育期	最低温度	最适温度	最高温度
冬小麦	出苗—分蘖	3～5	15～18	32～35
	越冬期	0～2	10～12	25
	拔节—抽雄	8～10	12～20	30～35
	抽雄—开花	9～11	18～24	30～32
玉米	出苗—拔节	10	24	38
	拔节—抽雄	18	25	35
	抽雄—开花	18	27	35
	灌浆—成熟	16	23	30
一季稻	苗期	12～14	26～32	40
	移栽	13～15	25～30	35
	分蘖期	15	29～31	37
	抽穗—开花	20～22	28～30	35
	灌浆—成熟	13～15	20～28	32

水分订正：以反映逐旬农田水分状况的降水蒸散比为基本指标：

$$F(W) = \frac{P}{ET_m} \tag{3.9}$$

式中：$F(W)$ 为逐旬降水蒸散比，即逐旬的水分状况指数；P 为相应时段的降水量；ET_m 为相应时段的作物潜在蒸散量，即作物需水量，其计算公式为：

$$ET_m = K_c \cdot ET_0 \tag{3.10}$$

式中：ET_0 为相应时段的参考作物蒸散量，采用 FAO Penman-Monteith(FAO P-M)模型计算；K_c 为相应时段的作物系数，淮河流域各作物 K_c 的确定见参考文献（谢云 等，2003）。

由于逐旬降水量的波动程度较之于逐发育期和逐月的更加显著，因此，降水对农作物的影响更复杂，比如一旬无降水的情况经常发生，但这并不代表当旬土壤水分为零，作物没有干物质积累。由于降水（或干旱）对土壤水分影响的延续性和滞后性，在基础时间尺度较小的情况下，作物气候生产潜力的水分订正需要考虑前期水分条件对当旬干物质积累的贡献，以便使估算的气候生产潜力更加符合真实情况。

前效影响考虑的时间尺度因作物和不同的生长季有所差异。对于玉米和水稻这些生长于夏半年的作物，由于生长季气温高，蒸散强烈，农田水分消耗较快，前效影响主要考虑前一旬的水分状况，将前一旬和当旬的降水蒸散比分别以 0.3 和 0.7 的权重相加，作为本旬的水分状况

指数 $F(W)$。而对于主要生长于冬半年的冬小麦来说,由于生育期较长,分不同生长季确定前效影响的旬数和权重。冬季(12月、1月、2月)以前四旬和当旬的降水蒸散比分别以0.1、0.1、0.2、0.2和0.4的权重相加,春、秋季(3月、4月、5月和10月、11月)以前三旬和当旬的降水蒸散比分别以0.1、0.2、0.3和0.4的权重相加、夏季(6月上旬)则以前两旬和当旬的降水蒸散比分别以0.2、0.3和0.5的权重相加,得到本旬的水分状况指数 $F(W)$(马晓群 等,2009)。

对 $F(W)$ 数值采取下列方法实现归一化,得到逐旬水分订正指数 $F(W_1)$:

$$F(W_1) = \begin{cases} F(W) & F(W) < 1 \\ 1 & 1 \leqslant F(W) < 2 \\ 1 - \dfrac{F(W) - F(W)_{min}}{F(W)_{max} - F(W)_{min}} & F(W) \geqslant 2 \end{cases} \tag{3.11}$$

由于淮河流域降水量南北差异较大,各作物品种对水分适应性也有差异,因此,最大最小值按照各作物的农业气候分区设定。其中 $F(W)_{max}$ 为某作物区各站1971—2010年逐旬 $F(W)$ 的最大值,$F(W)_{min}$ 为某作物某区各站1971—2010年逐旬 $F(W)$ 的最小值。

经过以上订正,水分订正指数 $F(W_1)$ 的数值无论旱涝均分布在0～1,越接近1,水分条件越适宜;越接近0,水分偏少或偏多越显著。

3.5.2.2 淮河流域三大作物气候生产潜力的基本特征

气候变暖背景下淮河流域三大作物气候生产潜力的基本特征为气候生产潜力的平均值以一季稻最高,其次是夏玉米,冬小麦最低。从年际波动看,三种作物气候生产潜力的变异系数均超过10%,其中以冬小麦最大,超过20%,一季稻和夏玉米基本相近,为11%～12%;各作物气候生产潜力时间变化趋势不显著(表3.6)。三种作物的气候比以冬小麦最低,气候生产潜力仅约占光温生产潜力的50%,且变异系数超过25%,表明非常不稳定;一季稻和夏玉米接近,气候生产潜力约占光温生产潜力的2/3,其变异系数分别为16.3%和12.9%,稳定性较高。

3.6 农作物与设施农业精细化分布

粮食安全事关国计民生、政治稳定和经济持续发展。为精准、实时、智能地获取粮食作物信息,实现"粮食生产看得见、种植面积可查询",确保粮食生产任务落实到乡镇、村、地块的准确性,改变传统农业面积调查方式,更客观真实地反映本区域粮食生产面积及空间信息情况,提高统计数据的质量,发现存在问题,确保粮食安全,省气科所根据实际业务需求分别开展了基于10 m级遥感影像的全省冬小麦种植面积提取以及基于亚米级遥感影像的县域主要作物种植面积提取。

3.6.1 全省冬小麦种植分布与面积

以 GF-1/WFV 16 m 空间分辨率多光谱卫星遥感数据为信息源,结合样方调查,采用机器学习和人工目视修正方法进行安徽省冬小麦种植面积识别估算和统计。图3.14为2022年安徽省冬小麦种植空间分布结果,2022年安徽省冬小麦主要种植区分布在沿淮淮北地区,种植面积共计 2816230 hm²,较上一年省统计局公布面积减小 8970 hm²(表 3.6)。

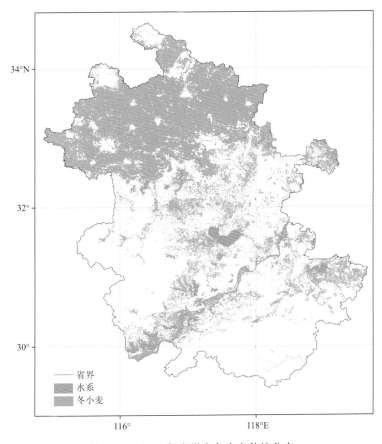

图 3.14　2022 年安徽省冬小麦种植分布

表 3.6　安徽省冬小麦遥感监测面积及上年省统计局公布面积　　　　　　单位:hm²

名称	遥感统计面积	上一年省统计局公布面积
冬小麦种植面积	2816230	2825200

3.6.2　县域农作物与设施农业精细化分布

　　以长丰县为例,为加快卫星遥感技术在长丰县政府治理和数字产业领域的推广应用,助力经济社会高质量发展,开展全县冬小麦、水稻的种植面积和抛荒地面积卫星遥感监测服务。利用 JL1/PMS 0.75 m 高分辨率卫星影像吉林 1 号进行长丰县冬小麦、水稻、油菜、旱生作物、抛荒地、大棚精细化识别(图 3.15~图 3.17)。各类农作物与设施农业种植面积统计结果见表 3.7。

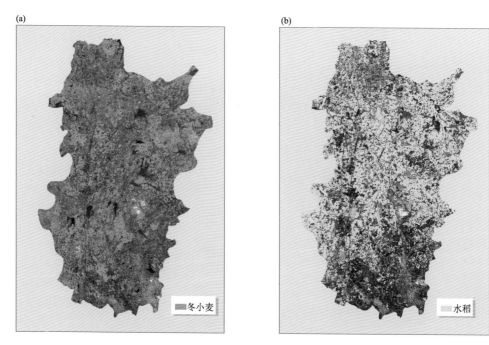

图 3.15　2022 年长丰县冬小麦(a)和水稻(b)空间分布精细化提取图

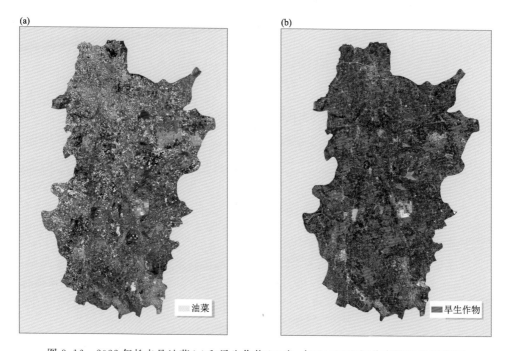

图 3.16　2022 年长丰县油菜(a)和旱生作物(玉米、大豆)(b)空间分布精细化提取图

(a)

(b)

图 3.17　2022 年长丰县抛荒地(a)和大棚(b)空间分布精细化提取图

表 3.7　长丰县农作物与设施农业种植面积

单位:hm²

作物	冬小麦	水稻	油菜	旱生作物	抛荒地	大棚
种植面积	375371.00	925066.63	107868.36	262253.10	1222721.91	40037.87

3.7　农田生态系统固碳能力

植物具有碳源和碳汇的双重特征,在固碳释氧的同时,也是碳循环中的重要参与者。安徽省是我国典型农业生产活动区,研究农田生态系统碳循环模型方法,可以为减少农业面源污染、温室气体排放和研究气候变化提供科学依据。

3.7.1　基于植被光能利用率净初级生产力计算

(1)主要生物物理参数反演

①FPAR 估算

利用归一化差值植被指数(NDVI),估算植被有效光合辐射吸收比例 FPAR。计算公式(Sims et al.，2006)如下:

$$FPAR = 1.24 \times NDVI - 0.168 \tag{3.12}$$

②实际光能利用率估算

根据植被类型、温度胁迫系数、水分胁迫系数等数据,计算植被实际光能利用率:

$$\varepsilon = \varepsilon^* \times T_\varepsilon \times W \tag{3.13}$$

式中:ε 为实际光能利用率;ε^* 为最大光能利用率;T_ε 为温度胁迫系数;W 为水分胁迫系数。

③月植被净初级生产力(NPP)估算

利用太阳光合有效辐射、FPAR、实际光能利用率等数据,根据光能利用率理论,计算植被NPP(《陆地植被气象与生态质量监测评价等级》气象行业标准 QX/T 494—2019):

$$GPP = \varepsilon^* \times T_\varepsilon \times W \times FPAR \times PAR \tag{3.14}$$

$$NPP = GPP - R_g - R_m \tag{3.15}$$

$$R_g = 0.2 \times (GPP - R_m) \tag{3.16}$$

$$R_m = GPP \times (7.825 + 1.145 \times T_a)/100 \tag{3.17}$$

式中:NPP、GPP、R_g 和 R_m 分别表示植被净初级生产力、总初级生产力、生长呼吸消耗量(Zhao et al.,2010)和维持呼吸消耗量(Goward et al.,1987;$gC \cdot m^{-2} \cdot 月^{-1}$);PAR 为入射光合有效辐射($MJ \cdot m^{-2} \cdot 月^{-1}$);$T_a$ 为月平均气温(℃)。

(2)安徽省农田植被净初级生产力年变化

2000 年以来,农田生态系统的植被净初级生产力(图 3.18)均呈升高的趋势。2022 年相较于 2021 年有所回落。相较于 2000 年,植被净初级生产力平均每年增加 $3.0\ gC \cdot m^{-2}$,2022 年达 $701.2\ gC \cdot m^{-2}$,较 2021 年减少了 $80.6\ gC \cdot m^{-2}$。

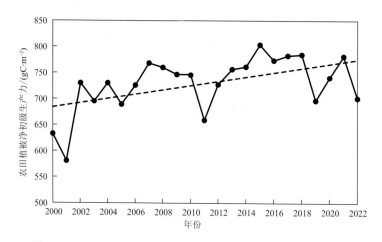

图 3.18　2000—2022 年安徽全省农田植被净初级生产力年变化

3.7.2　安徽省农田生态系统固定 CO_2 的能力评估

植物生长每产生 162 g 干物质,需要吸收固定 264 g 的二氧化碳,释放 192 g 氧气,则植被每积累 1 单位干物质,吸收固定 1.63 单位的二氧化碳,从而得到固碳量。由此可以得到固碳量的计算公式为:

$$G_{固碳} = 1.63 \times R_碳 \times NPP \times A \tag{3.18}$$

式中:$G_{固碳}$ 为植被年固碳量;$R_碳$ 为 CO_2 中碳的含量(27.27%);NPP 为单位面积下垫面净初级生产力;A 为下垫面面积(m^2)。

2000 年以来安徽省农田生态系统固碳量(图 3.19)均呈上升趋势。2022 年全省农田固碳量为 3279.8 万 t,相比 2021 年减少了 377.1 万 t。

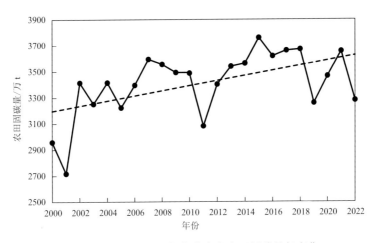

图 3.19　2000—2022 年安徽全省农田固碳量年变化

3.8　本章小节

安徽地处暖温带与亚热带过渡地区,四季分明、气候温和、雨量适中、光照充足、雨热同期,农业生产所必需的光、热、水资源丰富,而且匹配总体较好,具有较高的粮食气候生产潜力。特定的地理位置和特殊的气候条件决定了安徽省既是一个产粮大省,又是一个气象灾害多发的省份,干旱、涝渍、冷害、冰雹、霜冻等农业气象灾害发生频繁,同时,农业防御气象灾害能力有限,农田生态系统十分脆弱,极易遭到严重破坏,发生重大损失,亟待全面改造升级。要想改造升级,必须先了解掌握农田生态系统的方方面面,卫星监测为面监测,是大面积、高时效对地监测的主要手段。安徽省气象和生态遥感中心从农业气象生态业务工作现实需求出发,通过承担中国气象局、安徽省科技厅项目等任务,十余年来,利用不断更新的多源卫星资料,针对农情数据采集与农田资源管理,开展监测与评估技术研发,重点解决卫星遥感和 GIS 技术快速监测评估旱涝等问题,形成基于静止卫星资料安徽省农田生态系统固碳能力、农作物与设施农业精细化分布、农业气象灾害、土壤相对湿度定量服务产品,为各级政府防汛部门提供科技支撑与服务。

第4章
城市生态气象

党的十九大报告将"生态文明"建设作为新时代坚持和发展中国特色社会主义的基本方略。围绕这个方略,中国气象局先后出台了《"十三五"生态文明建设气象保障规划》和《关于加强生态文明建设气象保障服务工作的意见》,并在 2017 年明确提出"坚持公共气象的发展方向,大力发展安全气象、资源气象、生态气象,全面提升气象综合防灾减灾和应对气候变化能力",重点开展包括农田、森林、草地、湿地、湖泊、荒漠、海洋(海岸带)、城市等典型生态系统气象监测与评估业务服务,城市生态气象服务已成为未来城市气象服务的重要发展方向和内容。

4.1 城市生态气象监测评估方法

城市生态系统包括自然、经济、社会三个子系统,是一个以人为中心具有与其他系统不一样气候特征的复杂生态系统(沙弥,1987)。因此,城市生态气象不仅需要对大气环境要素(如温、湿、风、大气气溶胶、能见度及大气质量等)进行监测,还需要对与气候相关的地表生态环境参数如地表温度、土壤湿度、植被生长量等进行监测评估(王连喜 等,2010)。刘勇洪等(2020)在充分考虑高影响天气气候对城市生态环境和城市系统运行巨大影响的基础上,基于生态气象学理论,分别从城市气候环境、与气候相关的地表环境、大气环境、人居环境以及城市高影响天气气候事件等五个方面选择不同的要素和指标开展了城市生态气象监测评估初步研究,并以北京为例,利用 2018 年国家和区域自动气象站资料、大气成分观测资料、2002—2018 年MODIS 卫星资料、Landsat 及环境一号卫星资料,开展了 2018 年北京城市生态气象监测评估。

合肥地处中国华东地区、安徽中部、江淮之间、环抱巢湖,是长三角城市群副中心、合肥都市圈中心城市、皖江城市带核心城市、G60 科创走廊中心城市、"一带一路"和长江经济带战略双节点城市、综合性国家科学中心、世界科技城市联盟会员城市、中国集成电路产业中心城市、国家科技创新型试点城市、中国四大科教基地之一。近年来,合肥经济增长强劲,在安徽省经济发展中占据重要地位。与此同时,经济的发展深深影响着城市生态气象格局的变化。本章主要从合肥市生态气象条件、植被生态环境、地表热环境三个方面进行合肥市生态环境评估。

4.2 合肥市生态气象条件

合肥市生态气象条件评估主要包括气温、降水、日照三要素,下面以 2022 年合肥市三要素的气候评估为例进行介绍。

4.2.1　气温

2022 年合肥市年平均气温 17.3 ℃（图 4.1），较常年（1991—2020 年平均值，下同）偏高 0.9 ℃，为有完整气象记录以来（以下简称"历史"）最高。四季平均气温均偏高，其中春、夏季分别偏高 1.4 ℃和 2.2 ℃，为历史最高，秋季为历史第五高。合肥站全年高温日数 52 d，夏季 41 d，较常年分别偏多 34 d 和 25 d，均为历史最多。此外，合肥站全年超过 37 ℃、38 ℃、39 ℃ 的高温日数分别达 27 d、21 d、11 d，均为历史最多。

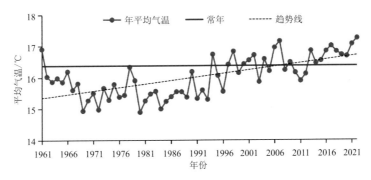

图 4.1　1961—2022 年合肥市年平均气温变化（单位：℃）

从空间分布来看（图 4.2），全市年平均气温均偏高，其中肥东（偏高 1.4 ℃）、庐江（偏高 1.2 ℃）和长丰（偏高 0.9 ℃）均为该站历史最高。

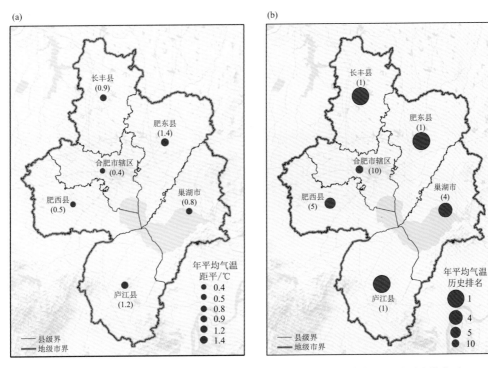

图 4.2　2022 年合肥市各国家气象观测站年平均气温距平（a，单位：℃）及历史排位（b）

（合肥市辖区内为合肥国家气象观测站，下同）

从各月平均气温(图4.3)来看,8月最高(30.3 ℃),12月最低(3.0 ℃)。与常年相比,2月、5月、10月及12月气温偏低,其他各月均偏高,其中3月(偏高3.3 ℃)、6月(偏高2.5 ℃)为历史最高。

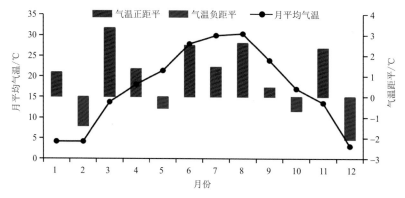

图4.3 2022年合肥市逐月平均气温(单位:℃)及距平变化(单位:℃)

4.2.2 降水

2022年合肥市年降水量812 mm(图4.4),较常年(1081 mm)偏少2成。冬、夏、秋季降水量较常年分别偏少近1成、5成和2成,其中夏季为历史第四少,出现严重伏秋连旱。春季偏多近2成。2022年空梅,为历史上第九个空梅年。合肥市汛期(5—9月)降水量仅256 mm,较常年偏少6成,为历史最少。合肥市年降水日数(日降水量≥0.1 mm的日数)92 d,较常年偏少23 d,为历史第三少,仅次于1978年和2013年。

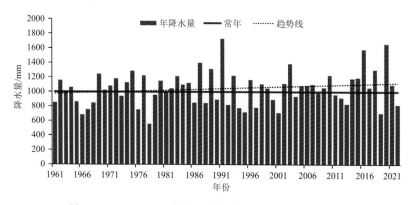

图4.4 1961—2022年合肥市年降水量变化(单位:mm)

从空间分布来看(图4.5),全市年降水量较常年均偏少,其中肥西、庐江偏少3成,市区、肥东及巢湖偏少2成,长丰偏少1成。

年内1月、3月、4月、10月和11月降水量偏多,其中3月较常年偏多1.3倍,为历史最多。其他各月降水量均偏少,9月仅为1.9 mm,偏少9成以上,为历史最少,8月为13.7 mm,为历史第二少(图4.6)。

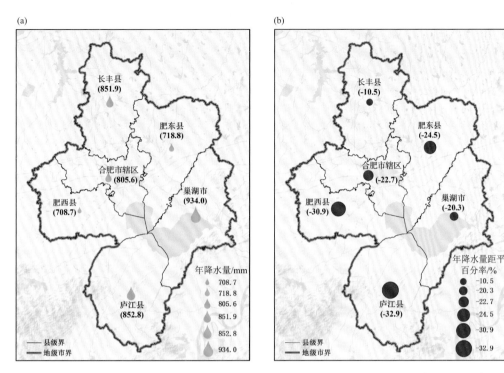

图 4.5　2022 年合肥市各国家气象观测站年降水量(a,单位:mm)及距平百分率分布(b,%)

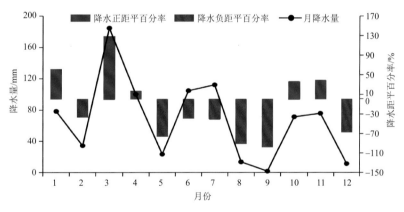

图 4.6　2022 年合肥市逐月降水量(单位:mm)及距平百分率变化(%)

4.2.3　日照

2022 年合肥市年日照时数 2124 h,较常年(1818 h)偏多近 2 成(图 4.7),为 1979 年以来最多。从四季来看,冬季(374 h)、春季(608 h)、夏季(709 h)、秋季(488 h)日照时数较常年均偏多。

从空间分布来看(图 4.8),全市年日照时数较常年均偏多,其中肥西、市区及肥东偏多 2成,长丰和巢湖偏多 1 成,庐江与常年基本一致。

年内 1 月、2 月及 11 月日照时数较常年偏少,其他各月均偏多(图 4.9),其中 6 月偏多近 6成,为历史第二多。

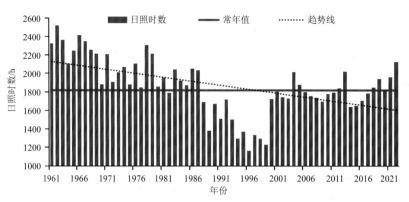

图 4.7　1961—2022 年合肥市年日照时数变化(单位:h)

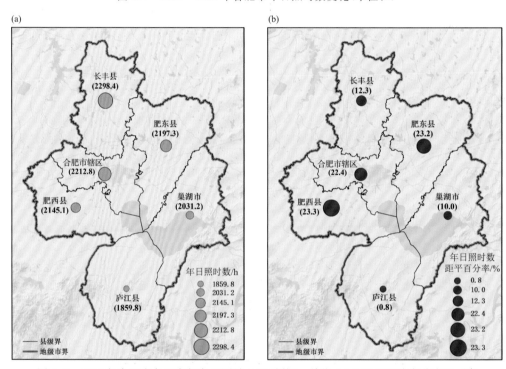

图 4.8　2022 年合肥市各国家气象观测站日照时数(a,单位:h)及距平百分率分布(b,%)

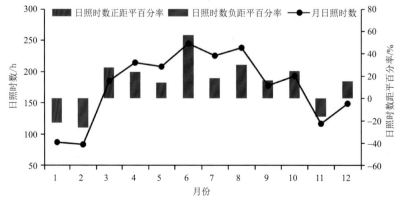

图 4.9　2022 年合肥市逐月日照时数(单位:h)及距平百分率变化(%)

4.3 合肥市植被生态环境

4.3.1 合肥市陆地植被生态特征

植被指数、植被覆盖率、植被释氧量是陆地植被生态系统评估的重要指标(张琳 等,2023),本节利用多源卫星遥感数据开展了合肥市 2022 年植被指数和植被覆盖率评估。

(1)归一化植被指数

归一化植被指数(NDVI)常作为植被生长状况及覆盖度变化的最佳指示因子,已在不同尺度植被变化研究中广泛应用,特别是时间序列的 NDVI 能较好地反映地表植被活动的时间演化和空间变异特征。在具体评估中,NDVI 值越大,表示植被长势越好。利用 2022 年 FY-3D/MERSI 卫星数据对合肥市植被进行监测,显示合肥市冬季与夏季 NDVI 值差异明显,1 月植被指数在 0.4 之下,建成区在 0.0～0.2;7 月普遍植被指数在 0.2～0.7,建成区小于 0.3(图4.10)。

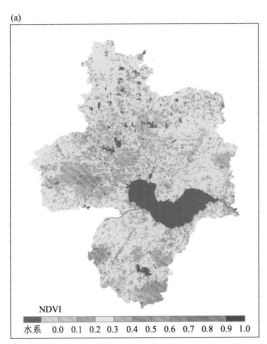

图 4.10　2022 年 1 月(a)、7 月(b)合肥市 NDVI 分布图

(2)合肥市植被覆盖率

植被覆盖率(GVC)是最重要的地表生态环境因子之一,是衡量城市环境质量及居民生活福利水平的重要指标,同时也是影响城市热岛、水土流失的重要因子。在评估城市植被生态环境好坏时,可采用年最大植被覆盖率反映城市"绿色"程度。植被覆盖率可利用卫星观测的归一化植被指数(NDVI)进行估算,本研究中,基于 FY-3D/MERSI 数据采用像元二分模型(即纯植被和裸地)进行植被覆盖率估算(吴云 等,2010)。图 4.11 给出了计算的合肥市 2022 年植被覆盖率结果。从图中可以看出,合肥市平均植被覆盖率为 44.03%,其中建成区植被覆盖

率 32.6%,低于中国城市建成区绿化覆盖率 42.5%。

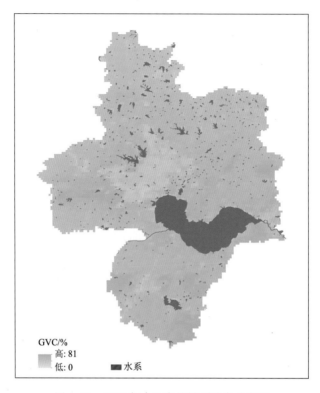

GVC/%
高:81
低:0 ■水系

图 4.11　2022 年合肥市植被覆盖率分布图

4.3.2　城市绿地和裸地遥感监测

(1)长丰县城市绿地遥感监测

城市绿地是城市生态系统中的一个子系统,是城市的主要自然因素,其中的绿色植物是氧气的唯一源泉,相当于自然调节器,具有负反馈作用。它通过一系列的生态效应,对污染物质起净化作用,综合调节城市环境,通过各种反馈调节效应,城市环境质量达到洁净、舒适、优美、安全的要求。随着经济的发展、工业的进步、人民生活水平的提高,城市环境日趋恶化,城市绿地作为城市环境的调节器,也受到普遍关注。城市绿地的监测和调控成为城市规划的一项重要课题(李锋 等,2003)。

遥感技术作为一种综合性探测技术,它能迅速有效地提供地表自然过程和现象的宏观信息,有助于揭示其动态变化规律,并预测其发展趋势,不仅能迅速获得丰富的第一手信息和数据,而且能科学、准确、及时地提供分析成果,不仅能提供细部地区的信息,而且能统观全局。遥感技术以其宏观性、多时相、多波段等特征为监测和了解城市提供了一种新型而有效的方法,为城市生态规划提供了科学依据和技术支持。

利用吉林一号 JL1/PMS 0.75 m 高分辨率卫星遥感数据,开展合肥市长丰县主城区的绿化面积精细化提取,提取结果见图 4.12。监测结果显示:长丰县主城区防护绿地 1.09 km²,附属绿地 1.31 km²,生产绿地 0.03 km²,游园绿地 1.54 km²,专类绿地 0.95 km²,共计绿地面积 4.92 km²(表 4.1)。

长丰县主城区
绿地类型 ☐ 游园绿地 ☐ 防护绿地
☐ 长丰县主城区 ☐ 专类绿地 ☐ 生产绿地 ☐ 附属绿地

图 4.12 合肥市长丰县主城区绿地分布图

表 4.1 长丰县主城区绿地统计表

序号	绿地类型	数量/个	面积/km²
1	防护绿地	616	1.09
2	附属绿地	749	1.31
3	生产绿地	1	0.03
4	游园绿地	201	1.54
5	专类绿地	21	0.95

（2）肥东县城市裸地监测

裸地是指表层为土质，基本无植被覆盖的土地或表层为岩石、石砾，其覆盖面积大于或等于 70% 的土地。裸地分布与当地的建设用地分布、工地施工、建筑物拆除等息息相关,固定扬尘污染问题已成为制约肥东县颗粒物浓度下降和空气质量持续改善的主要污染源之一。

为严控肥东县裸露土壤扬尘,利用亚米级遥感影像开展肥东县裸露土壤动态变化监测,2019 年以来,共开展了 9 次肥东县裸露土壤监测。以 2021 年 2 月为例,提取 1779 块裸地,共计 40.41 km²,生态红线范围内土地利用类型变化图斑 12 块。相关成果分乡镇形成图册,为肥东县裸地治理提供参考。以合肥循环经济示范园为例,此次监测到裸地 92 个地块(图 4.13),面积为 4.11 km²。各面积区段裸地统计表见表 4.2。合肥循环经济示范园 5 号裸地分布见图 4.14。

表 4.2　合肥循环经济示范园 2021 年裸地统计表

区段面积/km²	地块	面积/km²	占总地块数比例/%	占总裸地面积比例/%
0~0.005	10	0.03	10.87	0.70
0.005~0.01	12	0.09	13.04	2.20
0.01~0.05	43	1.12	46.74	27.30
0.05~0.1	17	1.23	18.48	30.00
0.1 以上	10	1.63	10.87	39.80

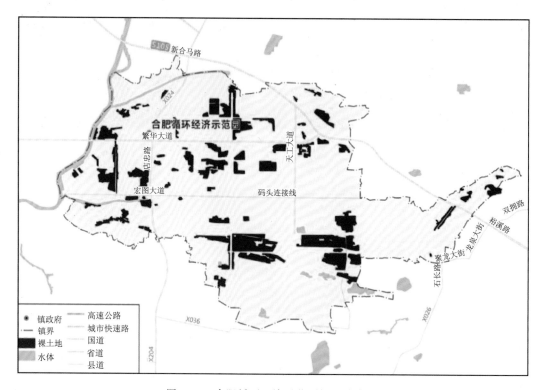

图 4.13　合肥循环经济示范园裸地分布图

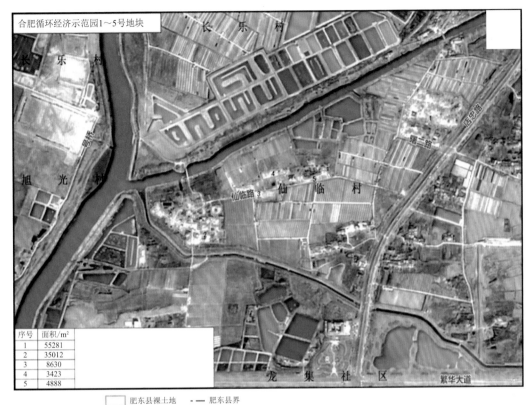

序号	面积/m²
1	55281
2	35012
3	8630
4	3423
5	4888

☐ 肥东县裸土地　- — 肥东县界

图 4.14　合肥循环经济示范园 1～5 号裸地分布图

4.4　合肥市地表热环境

4.4.1　合肥市地表高温监测

　　热红外遥感地表温度指地球陆地最表层的热动力学温度。地表温度与土壤温度、近地面气温、光合作用、蒸发、火灾危险等都有直接的关系,是地表能量平衡的重要参数,也是资源环境动态变化的主要影响因素(夏俊士 等,2010)。地表温度反演的方法归纳起来大致可分为 3 类:单通道算法、多通道算法和分裂窗算法(丁凤 等,2006)。

　　地表高温监测是利用卫星遥感反演 LST 产品,重点监测 40 ℃以上区域的地表高温空间分布,以 5 ℃为间隔,划分等级如下:<40 ℃、40～45 ℃、45～50 ℃、50～55 ℃、55～60 ℃、60～65 ℃、≥65 ℃,统计分析各地表高温区间的面积、范围等空间特征。表 4.3 给出了利用 2022 年 8 月 6—18 日 FY-3D/MERSI 数据对合肥市地表温度进行监测,结果显示该段时间的持续高温使合肥市大部分地区地表温度超过 40 ℃,其中 8 月 12 日,合肥 96％的区域均出现了 40 ℃以上的高温天气,甚至在 8 月 18 日,32％的区域出现了 50 ℃以上的高温天气(图 4.15)。

表 4.3　合肥市 2022 年 8 月 6—18 日地表温度面积统计表

日期(月-日)	超过 40 ℃面积/km²	超过 40 ℃面积百分比/%	超过 50 ℃面积/km²	超过 50 ℃面积百分比/%
8-06	6632.80	58	70.41	1
8-07	8969.32	79	1375.12	12
8-08	9521.62	83	1700.98	15
8-09	5341.80	47	597.39	5
8-11	8682.54	76	953.05	8
8-12	10969.39	96	2276.86	20
8-13	7042.09	62	1221.87	11
8-18	9197.60	81	3635.92	32

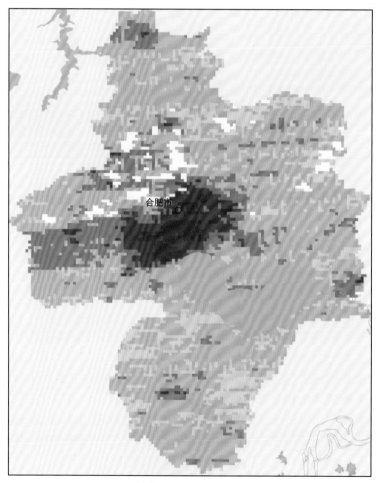

卫星/仪器: FY-3D/MERSI
空间分辨率: 1000 m
投影方式: 等经纬度投影

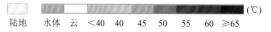

图 4.15　2022 年 8 月 12 日 14 时 17 分(北京时)合肥市地表温度监测

4.4.2 合肥市城市热岛监测

4.4.2.1 城市热岛监测技术和指标

城市气候能较好地体现出人类活动对局地气候的影响效果,尤其以城市热岛最为显著,基于卫星遥感的城市热岛监测能够更好地反映其在空间上的分布特征。城市热岛卫星遥感监测首先需要以卫星反演地表温度 LST 作为数据基础,然后利用可有效反映区域高温特征和城市热岛特征的指标开展城市热岛监测。其主要指标包括热岛强度、热岛比例指数、热岛等级、热岛效应评估等级(戴昌达 等,1995)。

(1)热岛强度

城市热岛监测通常采用热岛强度进行表征,定义如下:

$$\mathrm{UHII}_i = T_i - \frac{1}{n}\sum_1^n T_{\mathrm{sub}} \tag{4.1}$$

式中:UHII_i 为图像上第 i 个像元所对应的热岛强度(℃);T_i 是地表温度(℃);n 为郊区农田内的有效像元数;T_{sub} 为郊区农田内的地表温度(℃)。

(2)热岛比例指数

热岛比例指数是区域内城区温度高于郊区温度的不同等级热岛强度的面积加权和,是进行定量评估区域城市热岛效应的强弱,反映区域内不同等级热岛强度与范围的一个综合定量指标。

(3)城市热岛强度等级划分标准

为更好地开展热岛强弱比较,将城市热岛强度划分为 7 个等级,具体等级划分见表 4.4。

表 4.4 城市热岛强度等级划分及含义

等级	热岛强度/℃	含义
1	<−5.0	强冷岛
2	[−5.0,−3.0]	较强冷岛
3	(−3.0,−1.0]	弱冷岛
4	(−1.0,1.0]	无热岛
5	(1.0,3.0]	弱热岛
6	(3.0,5.0]	较强热岛
7	>5.0	强热岛

(4)城市热岛效应评估等级划分标准

为更好地评估城市热岛效应的强弱,将城市热岛效应的强弱划分为 5 个等级,具体等级划分见表 4.5。

表 4.5 城市热岛效应评估等级划分标准

等级	热岛比例指数	等级含义
1	(0,0.2]	轻微
2	(0.2,0.4]	较轻
3	(0.4,0.6]	一般
4	(0.6,0.8]	较严重
5	(0.8,1.0]	严重

4.4.2.2　合肥市区热岛

（1）合肥市热岛分布及年变化特征

2021年合肥市昼间热岛主要分布在市区（瑶海区中南部、庐阳区东部、蜀山区东部、包河区北部、合肥北城核心区）以及下辖郊县（肥东县、肥西县、长丰县、庐江县、巢湖市）城区附近，且市区热岛强于郊县城区。夜间热岛效应减弱，仅在中心区域出现弱热岛，肥东、肥西、长丰、巢湖等郊县则以较强冷岛为主（图4.16）。

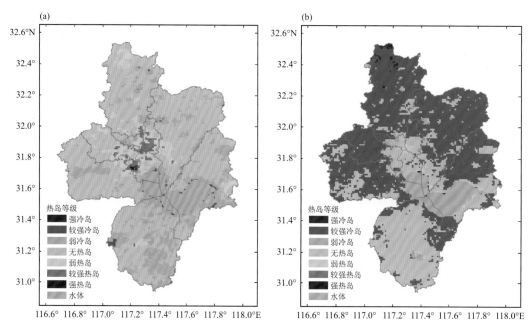

图4.16　2021年合肥市热岛监测

（a）白天；（b）夜晚

2021年合肥市昼间热岛面积1213 km²，约占全市面积的10.6%。其中瑶海区热岛面积占比达到65.1%，在各区（县、市）中占比最高，而包河区、庐阳区、蜀山区分别以55.4%、41.9%、41.0%位列第二、三、四位，下辖县（市）中长丰县热岛占比达到12.5%，肥西县和肥东县分别为7.5%、5.6%，庐江县和巢湖市不足3%。在所有区（县、市）中，蜀山区和包河区出现了强热岛区域，总面积占全市陆地面积的0.1%，而巢湖市仅出现弱热岛区域。

与2020年相比，合肥市昼间热岛面积共减小286 km²，约占全市面积的2.5%，其中弱热岛面积占比减小3.5%，而较强热岛面积占比增加1%。从各区（县、市）统计结果看（表4.6），瑶海区、庐阳区、蜀山区、包河区和庐江县弱热岛以上等级面积表现为增长，以蜀山区的13.1%增长最为显著；而其余四郊县弱热岛以上等级面积则为减小，以长丰县的11.9%减小最为明显；除巢湖市外，各区域较强热岛以上等级面积都有不同程度的增加，其中以瑶海区的13.6%增加最为显著。从热岛强度变化的空间分布看（图4.17），主城区附近及庐江县热岛强度以增强为主，长丰北部、肥东北部、肥西西部则为显著减弱。

表 4.6   2021 年白天合肥各区(县、市)不同热岛等级面积占比及变化(较 2020 年)   %

区(县、市)	弱热岛以上等级	较强热岛以上等级	强热岛等级
瑶海区	65.1(+4.7)①	28.3(+13.6)	0.0(0.0)
庐阳区	41.9(+1.2)	10.9(+5.5)	0.0(0.0)
蜀山区	41.0(+13.1)	9.9(+5.0)	1.4(+0.5)
包河区	55.4(+7.2)	15.5(+6.1)	1.3(+0.7)
长丰县	12.5(−11.9)	1.0(+0.9)	0.0(0.0)
肥东县	5.6(−7.1)	0.2(+0.2)	0.0(0.0)
肥西县	7.5(−1.6)	1.2(+0.3)	0.0(−0.1)
庐江县	1.6(+0.8)	0.1(+0.1)	0.0(0.0)
巢湖市	2.5(−0.2)	0.0(0.0)	0.0(0.0)
合肥市	10.6(−2.5)	2.1(+1.0)	0.1(0.0)

注:①65.1(+4.7)中,面积占比为 65.1%,变化为+4.7%,以此类推。

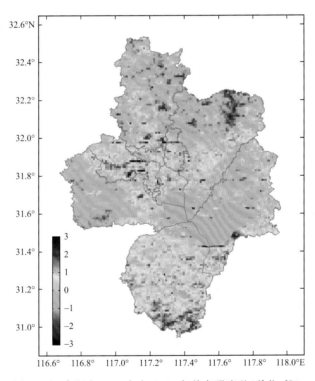

图 4.17   合肥市 2021 年与 2020 年热岛强度差(单位:℃)

(2)合肥市区热岛季节变化特征

2021 年合肥市区平均热岛强度和热岛面积占比均表现为夏季最强、春季和秋季次之、冬季最弱。从合肥市区热岛的季节空间分布看(图 4.18),夏季出现大面积强热岛区域,主要分布在瑶海区中南部、庐阳区东部、蜀山区中东部以及包河区大部;春季和秋季以弱热岛和较强热岛为主,热岛区域与夏季基本一致,但存在多个离散中心;冬季热岛现象不显著,表现为分散的弱热岛。从各区的平均热岛强度和热岛面积占比统计结果看(表 4.7),蜀山区在冬季的热

岛效应较其他三区更为明显,春季、夏季和秋季则为瑶海区和包河区热岛效应最为显著。与
2020年相比,市区平均热岛强度和热岛面积在春季和夏季均有增长,其中在春季增长最为显
著,平均热岛强度和热岛面积分别增长1.13℃和12.7%;而冬季和秋季市区平均热岛强度和
热岛面积有一定程度的降低。

(3)合肥市区夏季热岛比例指数变化

2003年以来合肥市区夏季热岛比例指数呈现波动增长(图4.19),最小值出现在2003年,
为0.24,属较轻级别,并于2006年和2013年分别首次达到一般和较严重级别,其最大值出现

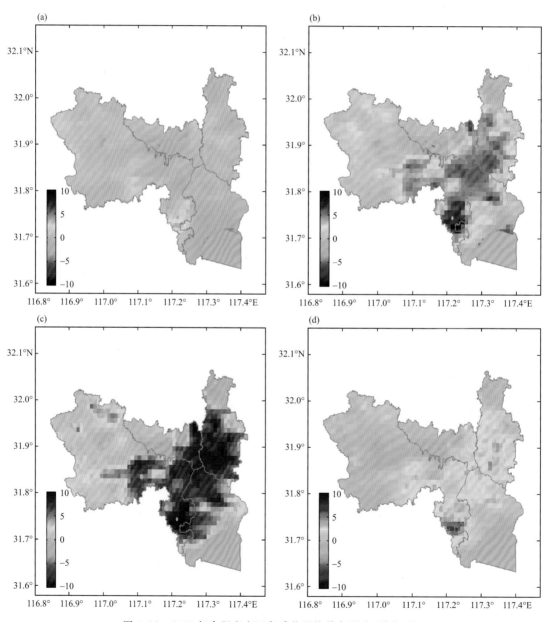

图4.18 2021年合肥市市区各季节平均热岛强度(单位:℃)

(a)冬季;(b)春季;(c)夏季;(d)秋季

表 4.7　2021 年合肥市区各区四季平均热岛强度(℃)及热岛面积占比(%)

市区	冬季	春季	夏季	秋季
瑶海区	−0.11(4.6)①	2.43(70.7)	4.57(76.8)	1.49(66.8)
庐阳区	−0.36(4.0)	1.17(43.5)	3.18(56.6)	0.48(33.5)
蜀山区	0.20(11.0)	1.81(52.9)	2.91(66.0)	0.58(33.0)
包河区	−0.67(2.1)	1.88(60.3)	4.13(80.7)	1.00(49.6)
市区平均	−0.07(7.5)	1.86(56.5)	3.45(69.7)	0.80(42.0)
市区较上一年变化	−0.06(−5.0)	1.13(12.7)	0.29(2.0)	−0.37(−5.1)

注:①−0.11(4.6)表示平均热岛强度为−0.11 ℃,热岛面积占比为 4.6%。

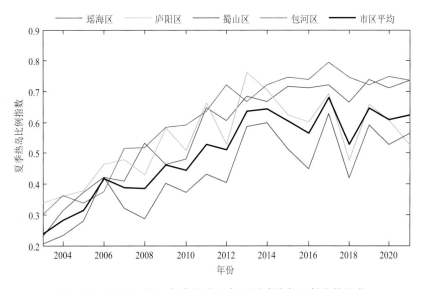

图 4.19　2003—2021 年合肥市区各区夏季热岛比例指数变化

在 2017 年(0.68),2021 年市区平均热岛比例指数为 0.62,较 2020 年增长 0.02,19 a 的平均增长率为 0.21 · (10 a)⁻¹(表 4.8)。各区热岛比例指数在总体趋势一致的背景下存在较大差异,其中庐阳区热岛比例指数首次降低为四区中最低,蜀山区热岛比例指有所增长,但仍低于市区平均水平,瑶海区和包河区热岛比例指数均为 0.74,较市区平均热岛比例指数高约 0.12。

表 4.8　合肥市区各区夏季热岛比例指数增长率

市区	较上一年变化	平均比例指数增长率/(10 a)⁻¹
瑶海区	0.02	0.27
庐阳区	−0.08	0.14
蜀山区	0.04	0.19
包河区	−0.01	0.26
市区平均	0.02	0.21

4.5　本章小结

　　本章系统地介绍了城市生态气象监测评估方法，并以合肥市为例，从生态气象条件、陆地植被生态特征、绿地和裸地遥感监测、地表高温监测、城市热岛监测几个方面系统分析了合肥市生态气象现状。

第 5 章
湖泊生态气象

湖泊生态系统为人类提供了维持生存发展的多种生态系统服务,是社会经济可持续发展的重要基础。然而,全国范围内的湖泊资源被大量开发利用,极大地削弱了湖泊提供生态系统服务的能力,人类自身福祉也受到严重威胁。这就需要我们针对主要湖泊开展系统的生态环境评估。

5.1 湖泊生态气象监测评估指标和方法

湖泊生态气象监测与评估目的在于利用多源卫星动态监测重点湖泊水环境生态,开展监测预测预警评估。其内容包括:开展湖泊水体、水位遥感监测;开展湖泊水质遥感监测;对蓝藻水华发生发展趋势、时空变化规律及气象因子驱动机制进行评估。湖泊气象生态系统监测指标体系主要分为八个部分,即气象要素、大气环境要素、水环境要素、浮游植物要素、水文要素、自然物候要素、人类活动影响、生态环境综合状况。湖泊气象生态监测指标涉及气象、水文、大气污染以及生物学等多学科。

5.2 巢湖水质监测和方法

5.2.1 研究区域概况

巢湖是安徽境内最大的湖泊,也是我国五大淡水湖之一。地处 117°17.48′—117°50.58′E,31°42.67′—31°25.18′N,巢湖流域总面积 13486 km²。巢湖水源主要来自大别山区东麓及浮槎山区东南麓的地面径流,现有大小河流 35 条,呈向心状分布,河流源近流短,表现为山溪性河流的特性。巢湖在汇集南、西、北三面来水之后,在巢湖市城南出湖,并经裕溪河向东南流至无为县裕溪口处注入长江。洪水较大时,也可通过与裕溪河相连的牛屯河分洪道入长江。巢湖流域涉及安庆岳西县,六安舒城县、金安区,合肥肥东县、肥西县、长丰县、包河区、瑶海区、庐阳区、蜀山区、庐江县、巢湖市,马鞍山含山县、和县,芜湖无为县五市 15 县(市、区)。其中巢湖闸以上来水面积 9153 km²,巢湖闸以下 4333 km²。巢湖闸上主要入湖支流有杭埠河、丰乐河、派河、南淝河、柘皋河、白石天河、兆河等,呈放射状汇入巢湖,裕溪河是巢湖洪水的主要入江通道,其进出口分别建有巢湖闸和裕溪闸两座大型水闸,控制着巢湖和巢湖闸下的内河水位(杨富宝 等,2018)。

巢湖多年平均降水量为 1100 mm,湖底高程一般为 5.0～6.0 m,正常蓄水位 8.00 m 时,湖面面积 755 km²,容积 17.17 亿 m³;设计防洪水位 12.50 m 时相应湖面面积 780 km²,容积 52.0 亿 m³。

巢湖洪水主要受长江洪水和本流域诸支流山丘区来水影响,洪水持续时间长。5—7 月湖水位随各支流洪水上涨,7—9 月因长江涨水维持湖区高水位,10 月开始退水。

在我国大型富营养化湖泊中,巢湖蓝藻水华问题突出,巢湖蓝藻水华的现场调研与卫星遥感影像解译结果表明:2018—2020 年,巢湖滨岸带蓝藻水华堆积程度较严重的区域集中在巢湖西北岸、派河入湖口区域和巢湖南岸大周村区域,尤其是每年的夏、秋时段(6—10 月),湖滨带蓝藻水华爆发引发水体溶解氧大量消耗,甚至造成水生生物死亡,严重破坏湖泊生态系统平衡,进而引发水生态系统退化等问题;尤其是蓝藻水华在滨岸带长时间大量堆积,可能引起水体发黑发臭,对周围居民生活产生负面影响,阻碍区域可持续发展,是水环境管理亟待解决的现实问题。

5.2.2 湿地生物量反演算法

(1)算法概述

湿生植被是湿地生态系统的重要组成部分,其生物量是衡量湿地生态系统初级生产力的主要指标之一(Yang et al.,1999)。同时,植被是湿地生态系统运行的能量基础和物质来源,是度量植被结构和功能变化的重要指标。利用现代遥感技术可以快速、有效地提取湿地的植被生物量信息,直观地反映湿地植被的生长状况和发展变化,对湿地生态环境监测和保护具有重要意义。

基于植被指数的植被生物量反演是目前大面积生物量估算的主要方法。Tong(1997)开展了湿地植被成像光谱研究,对鄱阳湖湿地进行植被光谱识别分类与生物量制图;Zheng 等(2004)曾对植被指数反演 LAI(叶面积指数)展开过相关研究,结果表明 LAI 与多种植被指数具有良好的相关性,并得到不同植被指数反演 LAI 的估算模型;李仁东等(2001)基于 Landsat ETM 数据估算鄱阳湖湿地植被生物量,研究不同植被指数及遥感影像第一主成分与实地采样生物量数据的相关性,并建立相关性模型估算鄱阳湖 2000 年 4 月的植被生物量;吴涛等(2011)以及陈鹏飞等(2010)分别用一元回归方法估算辽东湾双台子河口湿地翅碱蓬和呼伦贝尔草地地上生物量;Foody 等(2003)以及 Soenen 等(2010)分别基于 TM、HJ-1A 及 SPOT 影像数据结合线性回归模型估算森林生物量;多位国内外研究者都曾基于不同的遥感数据,采用不同的回归分析方法得到植被指数与不同植被生物量之间的关系模型,并且形成了比较成熟的计算体系,即采用一元线性或曲线模型来拟合不同植被指数与生物量之间的关系,并对估算结果进行精度评价,从而估算研究区域的植被生物总量或者生成研究区域的植被生物量空间分布图(Chen et al.,2005;Dronova et al.,2011;Newnham et al.,2011);Aurélie 等(2009)研究基于分类树算法的湿地监测方法,认为不同季节应采用不同的植被指数作为指示因子;王立海等(2008)采用引入地形因子的增强型 B-P 神经网络建立了森林生物量非线性遥感模型,生成了总体精度为 88.04% 的研究区域森林生物量定量分布图。姚延娟等(2008)研究遥感模型多参数反演的相互影响机理,分析了反演过程中参与反演的未知参数的个数、参与反演的每个参数的敏感性及各个参数敏感性之间的相关性。用单一植被指数作为输入因子,在拟合中覆盖度植被生物量时,具有较高的精度和灵敏度,而在植被覆盖不均匀的区域,其预测结果存在较大误差,不能准确地反映真实的生物量信息。研究在此基础上综合多种植被光谱指数作为输入因子,采用 MLRM 拟合生物量分布,在一定程度上提高了基于植被光谱指数的生物量估算方法的精度和可靠性。

(2)算法原理

SCRM 数学模型:SCRM(一元曲线回归模型)用于拟合植被指数和生物量之间的曲线关系。公式如下:

$$Y = a_0 + a_1 x + a_2 x^2 + \cdots + a_m x^m + \varepsilon \tag{5.1}$$

式中:Y 为植被干重;x 为植被指数;$a_0, a_1, \cdots, a_m$ 为回归系数;ε 为剩余误差。

MLRM 数学模型:多元线性回归模型用于多种植被指数的最优组合来预测或估算生物量。公式如下:

$$X = \begin{bmatrix} 1 & x_{11} & x_{12} & \cdots & x_{1k} \\ 1 & x_{21} & x_{22} & \cdots & x_{2k} \\ \vdots & \vdots & \vdots & & \vdots \\ 1 & x_{n1} & x_{n2} & \cdots & x_{nk} \end{bmatrix} \tag{5.2}$$

$$Y = (y_1, y_2, \cdots, y_n)' \tag{5.3}$$

$$b = (b_0, b_2, \cdots, b_k)' \tag{5.4}$$

$$\varepsilon = (\varepsilon_1, \varepsilon_2, \cdots, \varepsilon_n)' \tag{5.5}$$

$$Y = bX + \varepsilon' \tag{5.6}$$

SCRM 和 MLRM 拟合精度评价指标:选用相关系数法和实测生物量方法。相关系数法包括求解相关系数 r_{xy}、精度 SE 及均方根误差 RMSE;实际生物量法是通过对研究区域地物进行解译分裂聚类得到不同密度植被的面积,乘以各相应区域的样方单位面积实测平均生物量,然后进行求和得到研究区总的干生物量:

$$r_{xy} = \frac{\sum_{i=1}^{n}(x_i - \overline{x})(y_i - \overline{y})}{\sqrt{\sum_{i=1}^{n}(x_i - \overline{x})^2}\sqrt{\sum_{i=1}^{n}(y_i - \overline{y})^2}} \tag{5.7}$$

$$SE = \sum_{i=1}^{n}\frac{|y'_i - y_i|}{n} \tag{5.8}$$

$$RMSE = \sqrt{\sum_{i=1}^{n}\frac{(y_i - \overline{y})^2}{n}} \tag{5.9}$$

$$G_z = \sum_{i=1}^{n} m_j S_j \tag{5.10}$$

式中:x_i 为第 i 个样本点植被指数;y_i 为第 i 个样本点实测生物量数值;y'_i 为第 i 个样本点预测生物量数值;m_j 是各不同植被覆盖度区域实测单位面积平均生物量;S_j 为相应区域的面积;G_z 为研究区总的干生物量。

需要说明的是:相关系数 r 反映某一植被指数与生物量之间的相关关系,其取值范围为 $(-1, 1)$,$|r|$ 越大,表明变量之间的线性关系程度越高,反之,相关程度越低。当相关系数小于 0 时,称为负相关;大于 0 时,称为正相关;等于 0 时,称为零相关。

(3)算法流程

前期准备:确定有代表性的优势种群,湿地生物量采集,建立湿地生物量调查采样数据库。

$$W_i = \frac{w_{i1} + w_{i2} + w_{i3}}{n} \times (1 - \mu_i) \qquad (5.11)$$

式中：w_{i1}、w_{i2}、w_{i3} 为第 i 个样区内 1、2、3 个样本植被的鲜重；μ_i 为第 i 个样区样本植被含水率；W_i 为该样区样本植被生物量净重；n 为总样本数。

输入数据：归一化植被指数、土壤调整植被指数、优化土壤调整植被指数、修正土壤调整植被指数、归一化绿度植被指数、增强型植被指数以及比值植被指数。

处理流程：首先对基础遥感数据进行辐射定标、大气校正、几何校正、影像裁切等预处理，在此基础上计算归一化植被指数、土壤调整植被指数、优化土壤调整植被指数、修正土壤调整植被指数、归一化绿度植被指数、增强型植被指数、比值植被指数等各种植被指数，最后，基于前期生物量调查采样数据库与多种植被指数，利用 MLRM、SCRM 数学模型建立湿地生物量估算模型。

（4）算法成果

采用美国国家航空航天局陆地卫星计划的第八颗卫星（Landsat 8）数据，其分辨率为 30 m，基于上述湿地生物量反演算法，反演巢湖湖区周边湿地的生物量，结果如图 5.1 所示。

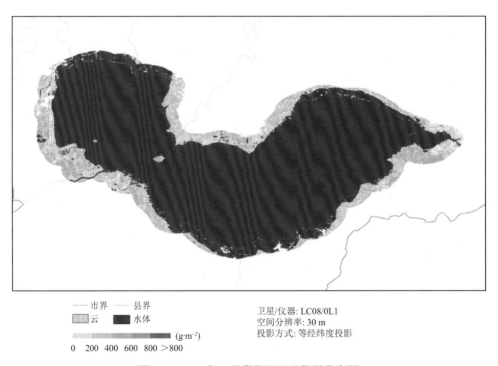

| —— 市界 | —— 县界 |
| 云 | 水体 |

(g·m⁻²)

0　200　400　600　800　>800

卫星/仪器：LC08/0L1
空间分辨率：30 m
投影方式：等经纬度投影

图 5.1　2021 年 8 月巢湖湿地生物量分布图

5.2.3　水质参数反演算法

水的质量就是指水和其中所含的杂质共同表现出来的综合特性，描述水体质量的参数就是水质指标，通常用水中杂质的分类、成分和数量来表示。水体污染有时可以直接地察觉到，例如，水改变了颜色，变得混浊，散发出难闻的气味，某些生物的减少或死亡，某些生物的出现或骤增等。但有时水体污染是直观察觉不出的,需要借助于仪器观察分析或调查研究。总的来看,水质指标可以分为三大类。

物理性质水质指标:如温度、色度、臭味、浑浊度、水深(透明度)等。

化学性质水质指标:如 pH 值、各种水溶离子、总含盐量、重金属、氧化物、多环芳烃、溶解氧(DO)、化学需氧量(COD)、生化需氧量(BOD)、悬浮物、有机物含量等。

生物学水质指标:如细菌总数、大肠杆菌总数、各种病原体以及病毒等。

三类指标当中,悬浮物、有机物含量、溶解氧、pH 值、细菌污染指标以及有毒物质是水污染防治工作中的常用指标。

随着对地物光谱特征研究的深入,算法的改进以及传感器技术的不断进步,遥感监测水质从定性发展到定量,可监测的水质指标逐渐增多,目前,包括悬浮物含量、叶绿素 a 浓度、水体透明度、溶解性有机物等在内的多项指标都可以通过遥感技术进行直接或间接的探测。

(1)水质反演算法

在水质遥感中,搭载在飞机或卫星上的传感器记录的总辐射(L_t)是四种辐射的总和,可以表示为:

$$L_t = L_p + L_s + L_v + L_b \tag{5.12}$$

式中:L_p 是没有到达水体表面的下行太阳和天空辐射,常称为路径辐射(Path Radiance);L_s 是到达气—水界面,但是基本上都被水体表面反射回去的辐射,这部分反射的能量包含了很多有关水体近表面特征的光谱信息;L_v 是穿过气—水界面到达水体内部的太阳和天空辐射在和水体中的水以及有机/无机组分相互作用,并且没有到达水底就离开水体的那部分辐射,称为水下体辐射。这部分辐射提供了关于水体内部组成和特征的最有价值的信息;L_b 是指透过水面,并且达水体底部的太阳和天空辐射通过在水体中传播返回的那部分辐射,如果需要获取水底的相关信息,这部分辐射就很重要。但是,很难真正地分离 L_v 和 L_b。

水质遥感监测中,我们感兴趣的是水体中的有机和无机组分(如悬浮物和叶绿素 a),因此,我们最关心的是怎么从传感器系统记录的多种辐射成分中提取出感兴趣的辐射部分,也就是分离出水下体辐射部分,即 L_v:

$$L_v = L_t - (L_p + L_s + L_b) \tag{5.13}$$

这需要对遥感数据进行精确的辐射纠正,包括大气纠正,表面太阳耀斑和表面其他反射消除,以及水底反射的去除。除了纯水本身之外,湖泊中影响光谱反射率的物质主要有三类:浮游植物(叶绿素 a)、总悬浮物和黄色物质。因此,纯水(W)、悬浮物(SS)、叶绿素 a(Chla)和黄色物质(DOM)浓度的函数:

$$L_v = f[W_c(\lambda), SS_c(\lambda), Chla_c(\lambda), DOM_c(\lambda)] \tag{5.14}$$

L_v 和 L_b 很难真正分离,在水质遥监测中,通常使用 L_v 和 L_b 的总和,即离水辐射 $L_w(\lambda)$,对于内陆浑浊水体,利用可见和近红外波段监测水体水质时,L_b 通常可以忽略不计,因此,可以认为 $L_w(\lambda)$ 近似等于 L_v,在光进入水体之后,其中一部分最终被散射回来并通过水体表面,这部分光就是离水辐射 $L_w(\lambda)$。离水辐射可以在去掉大气效应后从空间上推演得到,其大小、光谱的变化和角度分布依赖于以下因素。

①水体的吸收和后向散射吸收系数,$a(\lambda)$ 和 $b(\lambda)$,也就是所谓的固有光学属性;

②入射到水面的下行辐射照度,$E_d(\lambda, 0^+)$;

③进入水体的光谱角分布。

利用遥感得到的离水辐射,可以计算水体反射率 R_{rs}:

$$R_{rs} = L_w (F_0 \cos\theta \, t_d)^{-1} \tag{5.15}$$

式中:F_0 是地球大气层外的太阳辐射照度;θ 是太阳天顶角;t_d 是光穿过气—水界面的透射率。水体因为各组分及不同引起水体的吸收和散射,使不同的水体在一定波长范围内反射率显著不同,这是遥感定量估测湖泊水质参数基于辐射传输理论,不同的学者,针对不同的水体得出了许多不同的反射率与吸收系数 a、后向散射系数 b 之间的近似关系式,由水质组分的吸收和散射特征表征的水体反射率模型可以用下面的式:

$$R_{rs} = \frac{f \, t^2}{Q(\lambda) \, n^2} \frac{b_b(\lambda)}{[a(\lambda) + b_b(\lambda)]} \tag{5.16}$$

式中:f 是一个经验因子,其平均值为 $0.32 \sim 0.33$;t 是气—水界面的透射率;$Q(\lambda)$ 是上行辐射照度和上行辐射比值 $\left(\frac{E_u(\lambda)}{L_u(\lambda)}\right)$;$n$ 是水体折射系数;$b_b(\lambda)$ 为总的后向散射系数;$a(\lambda)$ 是总吸收系数。

f 是太阳天顶角 θ_0 的函数,有学者研究表明 f/Q 的比值相对独立于 θ_0,对于多个波段,通常可以假设 f/Q 的值独立于 θ_0 和 λ。$\frac{t^2}{n^2}$ 的值接近于 0.54,虽然该比值可能随着水体状况而变化,但是它还是相对独立于波段的。

因此,如果我们可以精确地测量或者是利用吸收和散射系数之间的关系,通过对水体中的光的角度分布做一些假设,就可以利用传感器记录的离水辐射和下行辐射反演水体中以上各个组分的含量。

①叶绿素 a(Chla)反演

APPEL 光谱指数为:

$$APPEL = R(b_{NIR}) - \{[R(b_{BLUE}) - R(b_{NIR})]R(b_{NIR}) + [R(b_{RED}) - R(b_{NIR})]\} \tag{5.17}$$

式中:$R(b_{NIR})$ 为近红外波段的水体反射率;$R(b_{BLUE})$ 为蓝光波段的水体反射率;$R(b_{RED})$ 为红光波段的水体反射率。

APPEL 模型用于 MODIS 的叶绿素浓度反演光谱指数如下所示:

$$x = R(b_4) - \{[R(b_1) - R(b_4)]R(b_4) + [R(b_3) - R(b_4)]\} \tag{5.18}$$

$$[Chla] = 1217x + 28.682 \tag{5.19}$$

式中:$R(b_i)$ 为第 i 波段的遥感反射率;$[Chla]$ 为叶绿素 a 浓度。

②悬浮物浓度(TSM)

基于 MODIS-Aqua 导出的红光波段数据建立的模型由式(5.20)定义:

$$TSM = 9.65 \times e^{58.81 \times R(b_{RED})} \tag{5.20}$$

此模型可用于绘制巢湖水体 TSM 的长期分布格局,有助于研究水体 TSM 的时空变化。

③透明度(SDD)

$$SDD = 1699.42 \times e^{-170.92 \times R}, R \leqslant 0.016 \tag{5.21}$$

$$SDD = 0.36 \times R^{-1.39}, R \geqslant 0.016 \tag{5.22}$$

$$R = (R_{555} + R_{645})/(2\pi) \tag{5.23}$$

式中:三个波段 R_{555} 和 R_{645} 分别为 MOD09GA 在绿光和红光的地表反射率。

（2）巢湖水质参数反演结果

图 5.2～图 5.4 为 2021 年 5 月 1 日巢湖水质监测，叶绿素 a(Chla)、透明度(SDD)以西北部偏高；悬浮物浓度(TSM)以东半湖偏高。

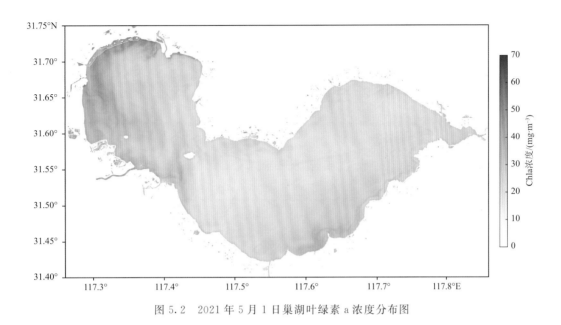

图 5.2　2021 年 5 月 1 日巢湖叶绿素 a 浓度分布图

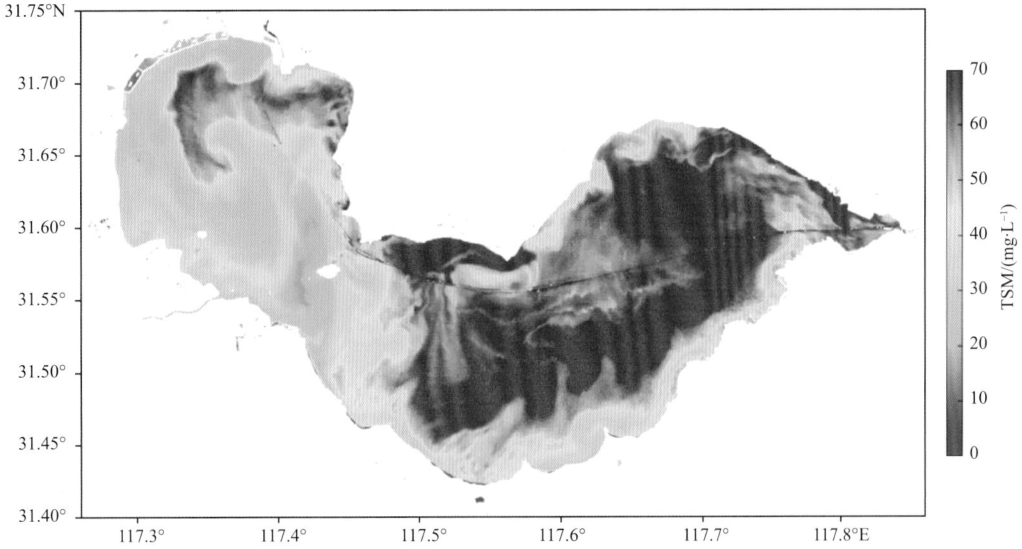

图 5.3　2021 年 5 月 1 日巢湖悬浮物浓度分布图

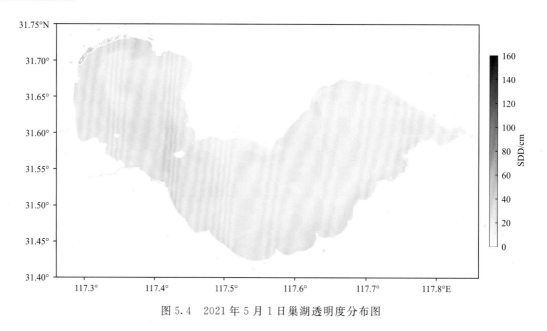

图 5.4　2021 年 5 月 1 日巢湖透明度分布图

5.3　巢湖蓝藻水华遥感监测

　　蓝藻是能进行光合作用的大型单细胞原核生物,属于藻类植物中最简单、最低级的类群。藻体为单细胞、群体或多细胞丝状体,细胞不具鞭毛,不产生游动细胞,部分丝状体种类能伸缩或左右摆动。颜色有绿、蓝、红等。其分布十分广泛,遍及世界各地,但多为淡水产生。当湖泊水体中的蓝藻快速大量繁殖形成肉眼可见的蓝藻群体或者导致水体发生变化,在水面形成一层蓝绿色而有腥臭味的浮沫,称为蓝藻水华。

　　蓝藻水华的出现通常认为是湖泊富营养化的结果,受人类活动的影响,工业废水、生活污水、农业灌溉废水排放量日益增加,湖泊的富营养化日益加剧,水质持续恶化,伴随而来的是蓝藻水华的爆发,如太湖、巢湖、滇池等内陆湖泊具有较高的蓝藻水华发生频率。蓝藻全年都可以生长,大部分蓝藻水华发生在夏末或秋季,春季蓝藻水华的现象越来越多。蓝藻在富营养化的水体中大量繁殖,绿色的蓝藻生物聚集悬浮于水中或并覆盖于水体表面形成水华,导致水体缺氧,造成大量鱼虾死亡,生物链的断裂破坏了水体的生态平衡。加之蓝藻水华中含有大量的微囊藻毒素,通过饮用水给人类健康带来潜在威胁。因此,蓝藻水华的爆发给水产养殖业、供水系统、旅游产业及人们的生命健康安全等都会带来极大的危害。蓝藻水华的爆发已经成为水生态系统中最重要的问题之一。

　　常规水质监测与评价需要在水域布置大量的人工监测点,通过实验室分析得到准确的水质参数的时空分布信息,但是常规监测受人力、物力、天气和水文条件的限制,无法长时间跟踪监测,只能了解监测断面上的水质状况,对于整个水体而言,这些数据只具有局部和典型样点的代表意义,不能获得水体中蓝藻的空间分布特征和时间序列变化规律,因此,亟须一种更为宏观、快速、实时的蓝藻水华识别方法。

　　遥感监测具有监测范围广、速度快、成本低、便于进行长期动态监测的优势,利用这种方便快捷的方法能直接对蓝藻水华的空间分布及含量进行监测,弥补常规监测的不足,节省大量人力、物力和财力。利用遥感方法识别大型内陆湖泊蓝藻水华信息,可以较好地反映蓝藻的时空差异性和变化规律,更为精确地对特定水体的蓝藻水华进行监测,进而提高对于蓝藻水华爆发等恶性水环境事件的快速应急响应能力,为环境监测部门进行蓝藻监测提供新的技术手段,为蓝藻水华爆发预警提供决策支持。

5.3.1 巢湖蓝藻监测评估指标和方法

5.3.1.1 多源卫星蓝藻水华监测技术和指标

大量浮游蓝藻在水体表面聚集并能被卫星遥感识别的主要理论依据是:一方面,叶绿素在绿光波段存在反射峰,绿光波段在可见光范围反射最强,蓝藻水华将水体染成墨绿色;另外,蓝藻水华爆发时水体在近红外波段(Near-infrared)反射较强,使得蓝藻水华水体具有陆地植被类似的红边(Red Edge)反射特征(图 5.5)。因此,从理论上来讲,通过基于单一波段的反射率或构建相关的光谱指数,就能较好地对蓝藻水华区域进行判别。蓝藻水华在近红外波段有强的反射,其反射率明显高于水体,是反映蓝藻水华主要波段;在可见光红光波段有较强的吸收,其反射率甚至低于水体。

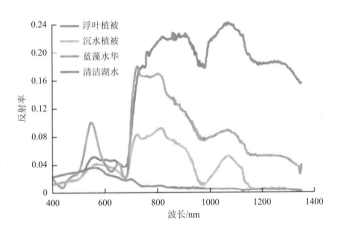

图 5.5　清洁湖水、水生植被及蓝藻水华光谱曲线

目前,被常用于蓝藻水华识别的光谱指数包括近红外/绿光比值指数、归一化植被指数(NDVI)、蓝藻指数(CI)等。

采用阈值法提取蓝藻水华信息:$I_{NDVI} > I_t$,其中,I_{NDVI} 代表判识像元 NDVI 值,I_t 代表判识阈值。针对判识区域,当 I_{NDVI} 值大于阈值时,认为该像元为蓝藻水华像元。

参考中国气象局发布的标准《湖泊蓝藻水华卫星遥感监测评估技术导则》(QX/T 207—2013,全国卫星天气与空间天气标准化委员会,2013),巢湖蓝藻遥感监测技术流程(图 5.6),主要包括数据准备、数据预处理、蓝藻水华监测等。

蓝藻水华覆盖度分级:单像元蓝藻水华覆盖度(fci)可分为四级,见表 5.1。

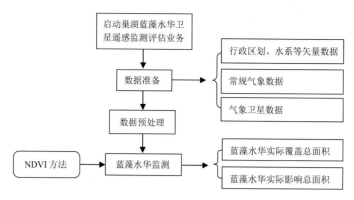

图 5.6　巢湖蓝藻遥感监测技术流程

表 5.1　单像元蓝藻水华覆盖度分级

单像元蓝藻水华覆盖度分级	单像元蓝藻水华覆盖度（fci）
无蓝藻水华	fci＝0
轻度	0＜fci≤30％
中度	30％＜fci≤60％
重度	60％＜fci≤100％

5.3.1.2　巢湖蓝藻监测和评估

（1）蓝藻水华爆发次数逐年变化

①藻类水体发生天数先升后降

2011—2021 年共有 436 d 监测到蓝藻水华发生，平均值为 39.6 d·a^{-1}。其中 2011—2018 年蓝藻水华发生天数呈现波动上升趋势，2019 年起发生天数开始下降。

②夏、秋季为巢湖蓝藻水华高发时段

8—10 月为巢湖蓝藻水华高发时段，这三个月监测到的蓝藻水华发生天数占全部的 59％（图 5.7）。2015 年起在冬季监测到了蓝藻水华发生，且 2015 年 1 月蓝藻水华发生天数占当年总天数的 18％。2020 年发生日数急剧减少，蓝藻水华的发生趋于缓解。

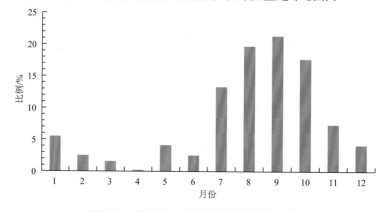

图 5.7　巢湖蓝藻水华各月发生次数占比

（2）蓝藻水华发生严重程度时间变化

轻度发生面积占总发生面积的比例在 40%～70%；近 2 a（2020—2021 年）重度发生面积占比分别突破 20%，并呈现弱的上升趋势，表明蓝藻水华发生严重程度有所加重（图 5.8）。

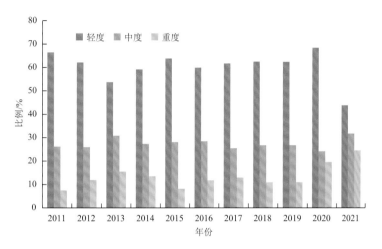

图 5.8　不同程度（轻度、中度、重度）蓝藻水华发生面积占总发生面积的比例

（3）2021 年巢湖蓝藻监测评估

从蓝藻水华发生的区域来看，全湖大部均有蓝藻水华发生，以西半湖居多，尤其是在流经合肥的南淝河的入湖口处发生次数最多。总频次和各等级频次均是由西向东减少。轻度、中度、重度频次见图 5.9。

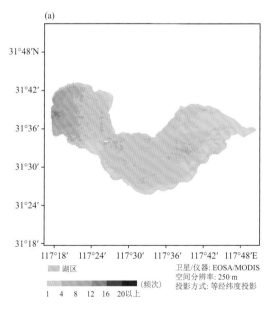
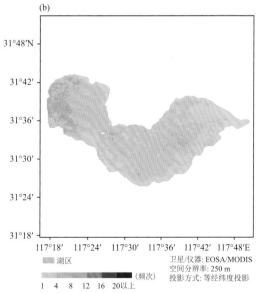

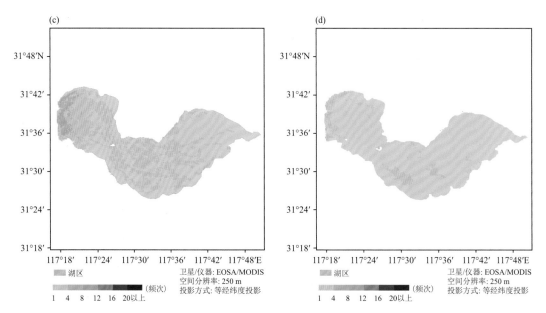

图 5.9　2021 年 1—12 月蓝藻水华发生频次图(白色代表无值)
(a)总频次;(b)轻度;(c)中度;(d)重度

5.4　气象要素对巢湖蓝藻水华的贡献

水是地球上生物生存的重要资源和最基本的物质。无论是作为一种独立的环境因素,还是作为一种资源,水资源都在人们的生产和生活中发挥着巨大的作用。气候变化对地表水资源影响巨大。探索气候变化条件下的水资源演变规律是水科学领域面临的新挑战,也是理解区域水文循环过程的重要组成部分。

湖泊蓝藻水华的爆发与气象因子息息相关,影响蓝藻水华爆发的气象条件包括:温度、日照、风、降雨、蒸发等。选取湖泊周边气象观测资料来分析蓝藻水华爆发与气象因子之间的关系。通过分析巢湖蓝藻水华爆发过程中卫星遥感资料和气象资料,得出以下巢湖蓝藻水华与气象因子之间的关系。

(1)蓝藻水华概率对气温的响应

在蓝藻水华面积和概率对气温的响应曲线图上(图 5.10),蓝藻水华概率随气温升高而增大。蓝藻水华爆发日的平均气温在 1~36 ℃,日最高平均气温在 2~39 ℃。也就是说,适宜的平均气温在 22~31 ℃,爆发频率接近 50%,过高和过低的温度也有零星蓝藻水华爆发;24 ℃之前,爆发频率是逐步上升,31 ℃之后爆发频率为断崖式下降,高温是蓝藻水华发生发展不利因素。气温剧烈变化,容易诱发蓝藻水华发生发展,冬季的前期虽然温度偏低,发生蓝藻水华概率较低,但是,此时巢湖蓝藻还没完全冻死,湖区在遇到有利热力和动力条件也有可能出现蓝藻水华大爆发,温度剧烈变化是触发蓝藻水华爆发因素之一,冬季蓝藻水华发生时变温幅度明显大于夏季(图 5.11)。

(2)蓝藻水华概率对风速的响应

各月内蓝藻水华爆发日平均风速均在 2.5 m·s^{-1} 以下(图 5.12)。因此,小风速也是诱发

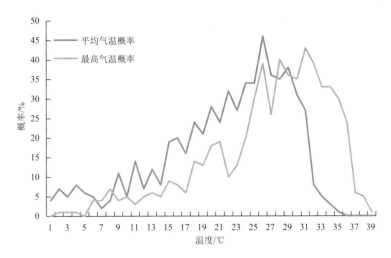

图 5.10　巢湖蓝藻水华爆发概率随气温的变化

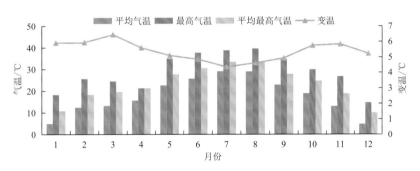

图 5.11　蓝藻水华爆发日巢湖逐月气温变化

巢湖蓝藻水华爆发的气象因素之一。

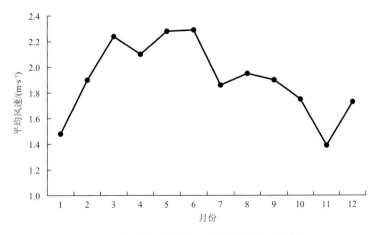

图 5.12　蓝藻水华爆发日巢湖风速的逐月变化

（3）蓝藻水华概率对降水的响应

统计蓝藻水华前 24 h 的降水情况（图 5.13），总计有 88 次既有蓝藻水华又有降水，占比约

14.7%,其中小雨(降雨量<10 mm)占比11.8%,中雨(10 mm≤降雨量<25 mm)占比2.1%,大雨(降雨量≥25 mm)占比0.8%。大面积蓝藻水华(≥100 km²),总计有22次既有蓝藻水华又有降水,占比约16.0%,其中为小雨、中雨、大雨的占比分别为13.7%、1.5%、0.8%(图略),表明蓝藻水华的出现与前24h降水之间并不存在明显因果关系,受阴雨天影响,光学卫星监测结果不能完全反映蓝藻水华实际情况。

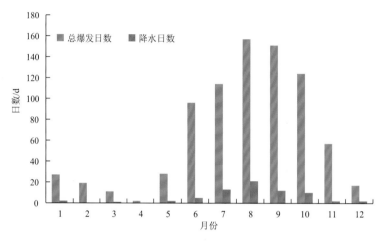

图5.13 蓝藻水华爆发时巢湖降水日数

(4)蓝藻水华概率对日照时数的响应

统计各月内蓝藻水华爆发日平均日照时数,平均日照时数在7.0 h左右,最少也不低于5 h(图5.14)。但值得注意的是,特殊情况下日照时数较小,但蓝藻水华仍然大面积爆发,这说明充足的日照是蓝藻水华爆发的条件之一,并非必要条件。

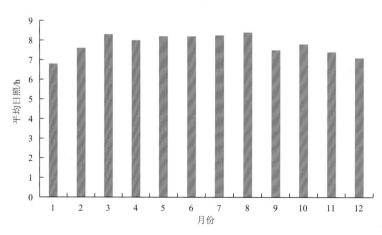

图5.14 蓝藻水华爆发日巢湖日照时数示意图

综合上述分析,诱发巢湖蓝藻水华爆发的气象因子主要有:合适的大气温度、剧烈的温度变化、风速较小(非静风)、充足日照。

5.5　巢湖蓝藻水华预报预警

营养盐是蓝藻水华爆发的十分重要的因素和条件,但不是唯一决定性的条件,水文和气象条件同样是起决定性作用的因子,即使有充足的营养盐,如果水文、气象条件不适宜,蓝藻照样无法正常生长,更不用说爆发蓝藻水华了。另一方面,蓝藻水华爆发是一个生态问题,不但决定于蓝藻生长的营养物质条件,而且决定于其生长所在的生态环境条件,水文、气象条件就是重要的生态环境因子。同时,蓝藻水华爆发还决定于蓝藻与其他水生生物和生态环境的关系。水文、气象条件的改变会明显影响这些生态关系。因此,根据水文、气象因子对蓝藻生长的影响和作用,找出控制藻类生长的关键因素和相关参数,预测蓝藻水华爆发的可能性,建立预警系统,达到抑制蓝藻生长,控制蓝藻水华爆发的目的。

(1)从气象观测和预报角度出发,首先选择 4 个气象因子:温度、降水、风速、日照,作为建立初步的蓝藻水华气象条件潜势指数的 4 个参数。建立蓝藻水华气象条件潜势指数,用于进行巢湖蓝藻水华的发生、持续、恶化、消亡潜势预报。

在建立初步的蓝藻水华气象条件潜势指数中,巢湖蓝藻水华可分为发生、持续、恶化、消亡 4 类趋势。蓝藻水华气象条件潜势指数 Iamp(Index of Alga Meteoroligic Potentiality)与 4 类趋势的量化关系建立如表 5.2 所示。

表 5.2　蓝藻水华气象条件潜势指数关系表

Iamp	Iamp≤1	1<Iamp≤2	2<Iamp≤3	Iamp>3
趋势	消亡	发生	持续	恶化

选择的温度、降水、风速、日照时数 4 个因子在分析模型中对蓝藻水华气象条件潜势指数 Iamp 的贡献见表 5.3 所示。

表 5.3　蓝藻水华气象条件潜势指数 Iamp 的贡献表

温度/℃	≤10	10~20	20~35	>35
	消亡	0.5	1	0
降水/mm	≤1	1~10	>10	
	1	0.5	消亡	
风速/(m·s⁻¹)	≤1	1~2	2~2.5	>2.5
	1	0.6	0.3	0
日照时数/h	≤1	1~6	6~9	>9
	0	0.3	0.6	1

注:(1)标注"消亡"指趋势为消亡,可以不再考虑其他参数;
　　(2)对指数 Iamp 的贡献是指加上该数值。

(2)2011 年 6 月以来巢湖水面频繁出现蓝藻,而 7 月、8 月进入盛夏以后气温普遍较高,最高气温超过 30 ℃有 48 d,利用 EOS/MODIS 卫星遥感影像图对发生在巢湖的蓝藻水华进行监测和统计分析。从遥感监测图像来看(表 5.4),2011 年 6—8 月巢湖蓝藻水华爆发有 10 次,其中,面积超过 10% 的有 4 次。8 月 18 日为重度爆发,主要原因是 8 月 13—18 日期间,巢湖流域以晴热天气为主,平均温度维持在 30 ℃ 左右,但最高温度由 31 ℃ 不断攀升至 36 ℃,风速在 2 m/s 左右,风速较小,流域基本无降水。温度、日照时数、风速等气象条件十分有利于蓝藻水华发生发展,最终诱发蓝藻水华大面积重度爆发。

表 5.4　2011 年遥感监测巢湖蓝藻水华爆发面积对比统计表

日期 (月-日)	轻度		中度		重度		总面积	
	面积/km²	比例/%	面积/km²	比例/%	面积/km²	比例/%	面积/km²	比例/%
6-27	10.224	1.34	3.253	0.43	0	0	13.477	1.77
6-29	4.78	0.63	1.925	0.25	0.332	0.04	7.037	0.92
7-09	74.288	9.77	6.904	0.91	2.921	0.38	84.113	11.07
7-21	60.413	7.95	28.613	3.76	6.373	0.84	95.399	12.55
7-22	49.06	6.46	12.149	1.60	3.784	0.50	64.993	8.56
7-24	42.621	5.61	16.929	2.23	3.319	0.43	62.869	8.27
7-28	17.128	2.25	4.448	0.59	0.465	0.06	22.041	2.90
8-05	19.252	2.53	4.05	0.53	0	0	23.302	3.07
8-17	84.379	11.10	37.509	4.94	1.992	0.26	123.88	16.30
8-18	35.053	4.61	57.226	7.53	25.161	3.31	117.44	15.45

下表记录的巢湖区域天气实况,通过 2011 年 6 月 27 日—8 月 19 日巢湖蓝藻水华遥感监测,清晰地反映出蓝藻爆发的情况。从表 5.5 中可以看出,8 月 18 日前计算得到的趋势均为"持续"和"恶化",与遥感监测实际情况基本相符,在 8 月 19 日,巢湖的降雨量均大于 10 mm,Iamp 计算得到的趋势为"消亡",实际情况是 8 月 19 当日卫星资料受云影响,巢湖只局部可见,可见区域中 18 日图像中蓝藻水华已消失。

表 5.5　巢湖蓝藻水华发生发展预测表

日期 (月-日)	巢湖					
	平均气温/℃	降水/mm	平均风速/(m·s⁻¹)	日照时数/h	Iamp	趋势
6-27	25.9	0	2.0	8.1	2.9	持续
6-29	26.1	0	1.7	0.7	2.6	持续
7-09	27.1	0	1.8	9.2	3.6	恶化
7-21	26.2	0	1.3	9.0	3.6	恶化
7-22	28.9	0	2.0	6.5	2.9	持续
7-24	30.7	0	1.8	9.3	3.6	恶化
7-28	28.9	0	2.2	9.6	3.3	恶化
8-05	26.7	0.1	1.3	0.6	2.1	持续
8-17	31.4	0	3.3	6.8	2.6	持续
8-18	31.4	0	1.8	8.9	3.2	恶化
8-19	27.5	31.5	2.3	0.9	/	消亡

5.6　本章小结

本章系统介绍了湖泊生态气象监测评估指标和方法,并以巢湖为例,对水质监测和方法、蓝藻水华遥感监测、气象条件影响分析、监测预警方法等内容进行了系统介绍和分析。研究结果表明:2019 年以来,巢湖蓝藻水华发生天数显著下降,但发生严重程度有所加深,发生频次由西向东递减,并在此基础上研发了巢湖蓝藻预报预警系统。

第6章
森林生态气象

森林生态系统具有抗御风沙、涵养水源、保持水土、调节气候、净化环境和保护周围其他生态系统等作用,因此,作为陆地生态系统的主体,森林对保持水土、减缓气候变化等具有重要作用,开展森林生态气象监测评估业务具有重要意义。森林生态系统的监测指标包括常规气象及小气候指标、森林水文指标、森林群落特征指标、森林土壤指标等方面。

6.1 安徽省森林概况

安徽是我国南方集体林区重点省份。全省林业用地面积 449.33 万 hm²,约占国土总面积的三分之一。全省森林覆盖率30.22%,森林面积417.53 万 hm²,森林蓄积量 2.7 亿 m³(安徽省林业局,2022)。2018 年安徽省人民政府发布了《安徽省生态保护红线》,安徽省生态保护红线基本空间格局为"两屏两轴","两屏"为皖西山地生态屏障和皖南山地丘陵生态屏障(图 6.1)。从市域看,生态保护红线面积比重较高的是皖南山区黄山市(37.55%)、池州市(33.49%)以及大别山区六安市(28.12%)(安徽省环境保护厅,2018)。

6.2 植被生态质量指数

6.2.1 植被生态质量关键特征量计算

依据中国气象局植被生态质量关键特征量计算指南(暂行)以及利用国家气象中心"CAgMSS生态气象监测评估系统"计算统计安徽省植被 NPP、覆盖度、生态质量指数以及变化趋势率。

6.2.1.1 植被覆盖度计算

利用月 NDVI 合成数据,计算月植被覆盖度,计算公式为:

$$\text{PVC} = \frac{\text{NDVI} - \text{NDVI}_s}{\text{NDVI}_v - \text{NDVI}_s} \times 100\% \tag{6.1}$$

式中:PVC 为月植被覆盖度(%);NDVI 为月合成归一化差值植被指数;NDVI_s 为像元纯土壤时的 NDVI,根据我国陆地特点推荐 $\text{NDVI}_s = 0.05$;NDVI_v 为像元全植被覆盖下的 NDVI,$\text{NDVI}_v = 0.95$(《陆地植被气象与生态质量监测评价等级》(气象行业标准 QX/T 494—2019))。

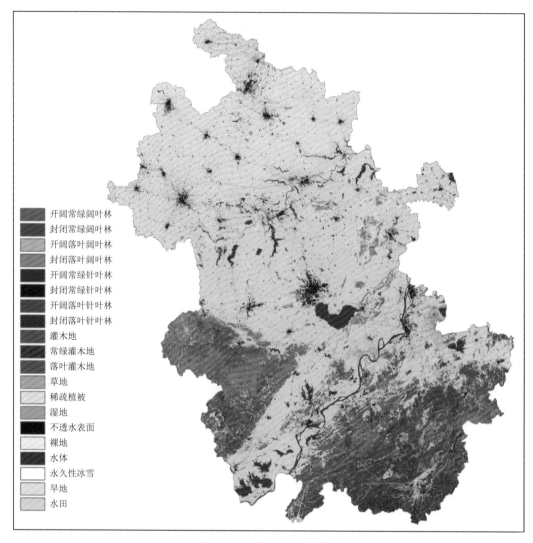

开阔常绿阔叶林
封闭常绿阔叶林
开阔落叶阔叶林
封闭落叶阔叶林
开阔常绿针叶林
封闭常绿针叶林
开阔落叶针叶林
封闭落叶针叶林
灌木地
常绿灌木地
落叶灌木地
草地
稀疏植被
湿地
不透水表面
裸地
水体
永久性冰雪
旱地
水田

图 6.1　安徽省土地利用图

6.2.1.2　植被综合生态质量指数计算

植被对人类的贡献可以用其生产力和覆盖度两个标量来表达,其中植被生产力反映植被的供给能力,植被覆盖度反映植被覆盖地表、绿化地表的能力。

基于年内任意时段、生长季、全年的植被 NPP 和平均植被覆盖度,计算得到反映该时段的植被综合生态质量指数,计算公式为:

$$Q_i = \left(f_1 \times C_i + f_2 \times \frac{\mathrm{NPP}_i}{\mathrm{NPP}_m} \right) \times 100 \tag{6.2}$$

式中:Q_i 为第 i 年某段时间的植被综合生态质量指数;f_1 为植被覆盖度的权重系数(取 0.5);C_i 为第 i 年该时段的平均最高植被覆盖度;f_2 为植被净初级生产力的权重系数(取 0.5);NPP_i 为第 i 年该时段植被累计净初级生产力;NPP_m 为第 1 年至第 n 年同时段陆地植被净初级生产力中的最大值,即当地最好气象条件下该时段的植被净初级生产力(钱拴 等,2020)。

(1)植被综合生态质量监测等级评价指标(表 6.1)

表 6.1　年植被生态质量监测等级评价指标

$0 \leqslant Q < 20$	$20 \leqslant Q < 40$	$40 \leqslant Q < 50$	$50 \leqslant Q < 60$	$60 \leqslant Q < 80$	$Q \geqslant 80$
很差	差	中等偏差	中等偏好	良	优

(2)植被生态质量年际对比评价模型为:

$$\Delta Q = (Q - \overline{Q}) / \overline{Q} \times 100\% \tag{6.3}$$

式中:ΔQ 为全年或生长季陆地植被生态质量指数的距平百分率;Q 为该时段同期陆地植被生态质量指数;$\overline{Q}$ 为常年(对陆地植被,为 10 a 或 10 a 以上)同期陆地植被生态质量指数的平均值。ΔQ 用于当年植被综合生态质量相对常年平均值优劣的监测评价(表 6.2)。

表 6.2　植被生态质量年际间对比评价等级

$\Delta Q < -10\%$	$-10\% \leqslant \Delta Q < -3\%$	$-3\% \leqslant \Delta Q < 0$	$0 \leqslant \Delta Q < 3\%$	$3\% \leqslant \Delta Q < 10\%$	$\Delta Q \geqslant 10\%$
很差	较差	持平偏差	持平偏好	较好	很好

6.2.1.3　生态质量指数变化趋势率 K 计算

变化趋势率计算模型为:

$$Q_i = a + K \times i \tag{6.4}$$

式中:Q_i 为第 i 年生态质量指数;i 为基础年到第 i 年的历年年序;a 为常数;K 为生态质量指数变化趋势率,即改善指数。

变化趋势率(K)结果划分为 8 级。其中,提高(变好)为 1~4 级,降低(变差)为 5~8 级(表 6.3)。

表 6.3　生态质量指数变化趋势率 K 分级标准

1 级	2 级	3 级	4 级	5 级	6 级	7 级	8 级
$K \geqslant 0.75$	$0.5 \leqslant K < 0.75$	$0.25 \leqslant K < 0.5$	$0 \leqslant K < 0.25$	$-0.25 \leqslant K < 0$	$-0.5 \leqslant K < -0.25$	$-0.75 \leqslant K < -0.5$	$K < -0.75$

6.3　大别山区森林水源涵养

6.3.1　大别山地形地貌

大别山地处鄂、豫、皖三省交会处,介于 $30°10'—32°30'$N,$112°40'—117°10'$E,东西绵延约 380 km,南北平均宽度约 175 km,是长江—淮河的天然分水岭。大别山区是国家重点生态功能区以及长江中下游和淮河流域重要的生态安全屏障。大别山为秦岭褶皱带的延伸,呈西北—东南走向,东段呈东北—西南走向,一般海拔 500~800 m,山地主要部分海拔 1500 m 左右,山脊海拔多为 1200~1600 m(图 6.2a)。大别山属北亚热带温暖湿润季风气候区,气候温和,雨量充沛,温光同季,雨热同期,具有优越的山地气候和森林小气候特征。大别山是长江中下游地区重要的水源涵养地,山南麓的水流入长江,北麓的水汇入淮河。大别山海拔 800 m 以下的丘陵地带植被类型主要是为常绿与落叶阔叶混交林带和针阔混交林;而海拔 800 m 以下的沟谷地带分布有本地区少见的常绿阔叶林;海拔 800~1200 m 为落叶阔叶林带,海拔

1200 m 以上为温性针叶林带(图 6.2b)。

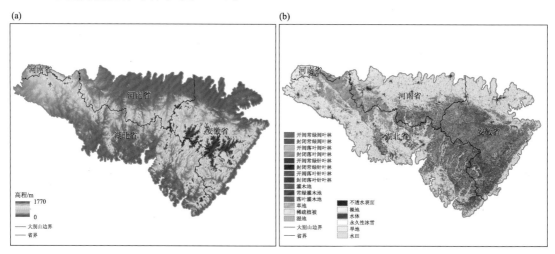

图 6.2　大别山区地形图(a)及土地利用图(b)

6.3.2　2021 年大别山区水热条件利于植被生长和生态质量的提高

2021 年≥0 ℃积温大别山区平均为 6349.3 ℃·d,较常年(1981—2010 年平均值,下同)偏多 7.9%,大部分地区≥0 ℃积温偏多 300 ℃·d(图 6.3a)。2021 年大别山区平均降水量 1230.9 mm,较常年偏多 6.9 mm,基本和常年持平;其中,在大别山区中部少量区域降水比常年偏少,其他地区都偏多(图 6.3b)。总体来看,2021 年大别山区水热条件好于常年,利于植被生长发育,2021 年为 2000 年以来植被生态质量最好年份之一。

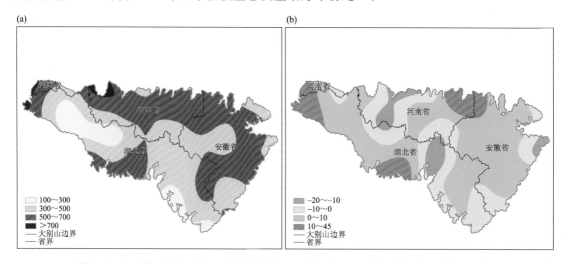

图 6.3　2021 年大别山区≥0 ℃积温距平(a,单位:℃·d)及降水距平百分率(b,%)

6.3.3　2021 年大别山植被生态质量总体好于常年和 2020 年

大别山区植被生态质量监测评估结果表明,2021 年大别山区植被生态质量指数达 63.3,较常年(2000—2020 年平均值,下同)提高 11.8%,生态质量处于较好和很好等级的面积比例共达 90%(图 6.4a)。

与 2020 年相比,2021 年大别山区植被生态质量指数提高 3.3%(图 6.4b),其中大别山区西部大部分地区提高大于 3%。

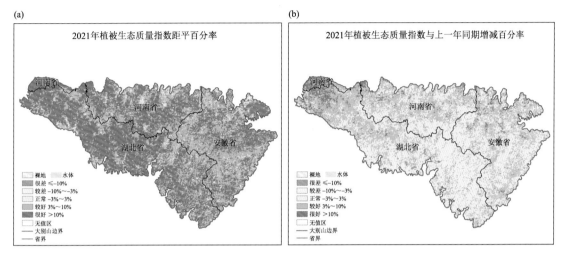

图 6.4　2021 年植被生态质量指数与常年(a)和 2020 年(b)对比

6.3.4　2000—2021 年大别山区有 97% 的区域植被生态得到改善,2021 年最好

2000—2021 年大别山区有 97.0% 的区域植被生态质量指数呈升高趋势,中北部大部地区平均每年增加 0.5～1.6(图 6.5a),植被生态质量明显改善。但大别山区边缘地带的建成区受城市化影响,植被生态质量指数呈下降趋势。

整体来看,2000—2021 年大别山区植被生态质量指数升高实现了"两级跳",2002—2021 年植被生态质量指数较 2000—2001 年平均水平提高 23.8%,2019 年受秋、冬干旱影响植被生态质量指数近 5 a(2017—2021 年)来最低,2021 年为 2000 年以来最好,达到 63.3(图 6.5b)。

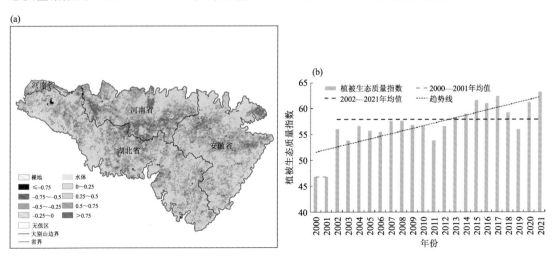

图 6.5　2000—2021 年大别山区植被生态质量指数变化趋势率
(a)空间分布;(b)整体趋势

6.3.5　大别山区植被生态质量的提高促进了水土保持功能的提升

（1）水源涵养量计算方法

水源涵养是评价陆地生态系统服务功能的重要指标（高红凯 等，2023）；从水量平衡的角度，降水量与蒸散量、地表径流量等主要消耗的差即为水源涵养量。作为水源涵养功能的主要驱动因素，温度、降水等气象要素变化是生态系统水源涵养功能演变重要因子之一。

采用水量平衡方程计算水源涵养量：

$$TQ = \sum_{i}^{j} (P_i - R_i - ET_i) \times A_i \times 10^3 \tag{6.5}$$

式中：TQ 为总水源涵养量（m^3）；P_i 为降水量（mm）；R_i 为地表径流量（mm）；ET_i 为蒸散发量（mm）；A_i 为 i 类生态系统面积（km^2）；i 为研究区第 i 类生态系统类型；j 为研究区生态系统类型数。

（2）水土保持量计算方法

采用修正通用水土流失方程（RUSLE）的水土保持服务模型开展评价，公式如下：

$$A_c = A_p - A_r = R \times K \times L \times S \times (1 - C) \tag{6.6}$$

式中：A_c 为水土保持量（$t \cdot hm^{-2} \cdot a^{-1}$）；$A_p$ 为潜在土壤侵蚀量；A_r 为实际土壤侵蚀量；R 为降雨侵蚀力因子（$MJ \cdot mm \cdot hm^{-2} \cdot h^{-1} \cdot a^{-1}$）；$K$ 为土壤可蚀性因子（$t \cdot hm^2 \cdot h \cdot hm^{-2} \cdot MJ^{-1} \cdot mm^{-1}$）；$L$、$S$ 为地形因子，L 表示坡长因子，S 表示坡度因子；C 为植被覆盖因子（周来 等，2018）。

2000—2021 年大别山区植被生态质量的提高促进了水源涵养功能的提升，有 50% 的区域水源涵养量呈增加趋势，尤其在大别山区东部的核心地区平均每年单位面积水源涵养量增加 10 mm 以上，生态服务功能得到提高，但在西部、北部水源涵养量呈减少的趋势（图 6.6a）。2021 年大别山区东部的核心区单位面积水源涵养量基本大于 450 mm，而西部、北部、南部单位面积水源涵养量基本小于 450 mm（图 6.6b）。

同时，大别山区植被生态质量的提高也让水土保持功能呈提高趋势，特别是在大别山区东部的核心区，水土保持量增加趋势明显，土壤保持量平均每年提升 5 $t \cdot hm^{-2}$ 以上。但在大别山区的西部土壤保持量呈减少的趋势（图 6.7）。

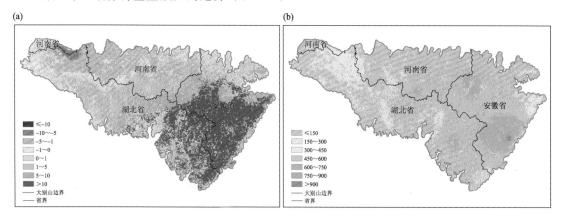

图 6.6　2000—2021 年大别山区生态系统单位面积年水源涵养量变化趋势（a，单位：$mm \cdot a^{-1}$）和 2021 年单位面积涵养水源能力的空间分布（b，单位：$mm \cdot a^{-1}$）

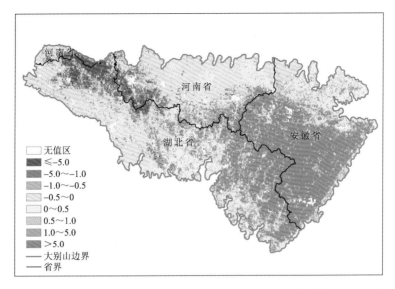

图 6.7 2000—2021 年大别山区生态系统土壤保持量变化趋势率(单位:t•hm⁻²•a⁻¹)

6.3.6 卫星遥感支撑城市水源保护

新中国成立后,陆续兴建了拦蓄大别山区洪水的佛子岭、梅山、磨子潭、响洪甸、龙河口五大水库。以此为主水源,建成了灌溉 1000 万亩的特大型淠史杭灌区。淠史杭灌区的兴建,提高了灌区的耕地率、水田率,粮食产量大幅提高,改变了因缺水而造成的贫困面貌;灌区还向合肥、六安等城镇提供了优质水源,促进了城市经济的发展;灌区水力发电、水产养殖、交通航运等综合利用效益也得到了较大的发挥。

2022 年出梅以来,安徽省呈现高温少雨的天气特征:①平均气温 30.1 ℃,较常年(1991—2020 年平均值)同期显著偏高 1.4 ℃,平均高温日数为 20 d,为历史同期第二多;②平均降水量 94 mm,偏少近 4 成。为评估晴热高温天气对安徽省水资源安全和粮食生产安全的不利影响,安徽省气象科学研究所(安徽省生态气象和卫星遥感中心)利用多源卫星遥感数据对安徽省大别山区主要水体面积变化进行监测。

利用 2022 年 5 月 1—12 日和 7 月 31 日—8 月 11 日两个观测周期的哨兵 1 号 10 m 空间分辨率的卫星雷达数据对安徽省大别山区五大水库水体面积进行持续监测,其中每个观测周期 12 幅影像,覆盖安徽省一次。监测结果表明:8 月以来,安徽省大别山水库总水体面积约 157.2 km²,较 5 月减小约 54.6 km²(25.8%)。其中梅山水库、响洪甸水库、佛子岭水库和磨子潭水库、龙河口水库面积减小较为显著,分别减小 17.7 km²(28.0%)、14.1 km²(19.9%)、13.4 km²(38.4%)、9.4 km²(21.9%)(图 6.8、表 6.4)。

表 6.4 卫星监测大别山五大水库水体面积

区域	2022 年 5 月面积/km²	2022 年 8 月面积/km²
梅山水库	63.03	45.36
响洪甸水库	70.91	56.82
佛子岭水库、磨子潭水库	34.97	21.53
龙河口水库	42.90	33.49

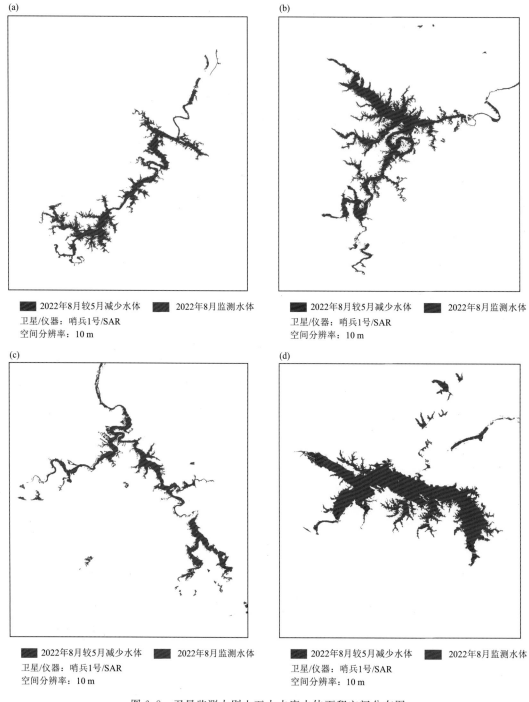

图 6.8　卫星监测大别山五大水库水体面积空间分布图
（a)梅山水库;(b)响洪甸水库;(c)佛子岭水库和磨子潭水库;(d)龙河口水库

6.3.7　大别山林火监测

中分辨率成像光谱仪(Moderate-Resolution Imaging Spectroradiometer,MODIS)是美国宇航局研制的大型空间遥感仪器,用以了解全球气候的变化情况以及人类活动对气候的影响。每 1～2 d 提供地球表面观测数据一次,可重复观测整个地球表面,得到 36 个波段的观测数据。TERRA 和 AQUA 卫星都是太阳同步极轨卫星,TERRA 在地方时上午过境,AQUA 在地方时下午过境。TERRA 与 AQUA 上的 MODIS 数据在时间更新频率上相配合,加上晚间过境数据,可以得到每天最少 2 次白天和 2 次黑夜的 MODIS 更新数据,对实时地球观测和应急处理(例如森林和草原火灾监测和救灾)有较大的实用价值。葵花 8 号卫星是地球同步气象卫星,于 2014 年发射,全圆盘图每 10 min 观测一次,包括 16 个通道,其中 500 m 分辨率通道 1 个,1 km 分辨率通道 3 个,13 个 2 km 分辨率通道,通道信息丰富,能提供较详细的火情信息,适合于火情的实时监测和预警。哨兵-2A(Sentinel-2A)卫星携带一枚多光谱成像仪,可覆盖 13 个光谱波段,幅宽度达 290 km。该卫星在运行期间将提供有关农业、林业种植方面的监测信息,对预测粮食产量、保证粮食安全等具有重要意义。此外,它还将用于观测地球土地覆盖变化及森林,监测湖水和近海水域污染情况,以及通过对洪水、火山喷发、山体滑坡等自然灾害进行成像,为灾害测绘和人道主义救援提供帮助。

安徽省气象科学研究所(安徽省生态气象和卫星遥感中心)利用 TERRA 和 AQUA 卫星、葵花 8 号静止气象卫星、哨兵-2A 等多源卫星遥感数据对安徽省林火进行实时监测。

利用 2021 年 9 月 28 日 10 时 33 分 MODIS/TERRA 和当日葵花 8 号静止气象卫星资料对安徽省林区进行实时监测,结果显示,大别山岳西县晴,监测到 1 个热异常点(图 6.9),具体位置见表 6.5。同时利用欧洲哨兵-2A 的 10 m 分辨率卫星资料进行监测,真彩色合成图上着火区可见明显烟雾(图 6.10a),假彩色合成图上着火区呈现红色(图 6.10b)。

表 6.5　热异常点位置表

乡镇名	市名	县名	经度/°E	纬度/°N	像元数	土地类型	卫星	时间
菖蒲镇	安庆市	岳西县	116.23	30.66	1	农田＋林地	葵花 8 号＋TERRA	2021 年 9 月 28 日 11 时 10 分—16 时 20 分

6.4　皖南山区生态旅游资源

安徽是国内知名的旅游大省,省内有着很多名山大川,而且这些旅游景点大多都是位于皖南。皖南山区位于安徽省长江以南,东南与浙江相接,西南和江西相邻,北以沿江丘陵平原为界,在 29°31′—31°N 与 116°31′—119°45′E 之间,总面积 22874.8 km²。皖南山区由九华山和黄山两条山地丘陵带组成,地形复杂,湿度大,植被丰富多样,形成多样的小生境,是人们呼吸新鲜空气、健身养生旅游的天然"森林氧吧"。皖南山区旅游资源类型较多,具有很强的丰富性、多样性和综合性;境内山清水秀,环境优美,人文荟萃,敬亭山、黄山、齐云山、九华山、齐山、牯牛降、新安江、太平湖风光秀丽,池州、西递、宏村、查济古民居、棠樾牌坊群等璀璨文化交相辉映。

⊙火点 ——省界

卫星/仪器：EOST/MODIS
空间分辨率：1000 m
投影方式：等经纬度投影
合成通道：3,2,1

图 6.9　安徽省 2021 年 9 月 28 日 10 时 33 分热异常监测图像

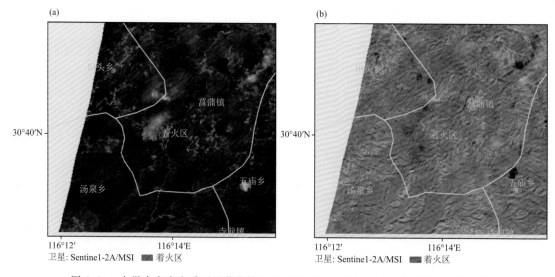

图 6.10　安徽省安庆市岳西县菖蒲镇 2021 年 9 月 28 日 10 时 45 分哨兵-2A 热异常
监测真彩色(a)、假彩色(b)合成图

　　生态旅游卫星遥感监测评估指标有植被覆盖率、释氧量、大气环境(气溶胶、臭氧浓度)、气候舒适度、区域水体等。

6.4.1 黄山气候舒适度变化分析

旅游与气候的关系十分密切。气候舒适度是气候影响旅游的一个重要方面。旅游地气候舒适程度及持续时间的长短是影响游客目的地选择和旅游季节长短的重要因素。

黄山是安徽旅游的标志,是世界文化与自然遗产、世界地质公园、国家级风景名胜区、国家 5A 级旅游景区。黄山常年(1961—2021 年平均值,下同)气候舒适日数为 208 d,较全省平均偏多 8 d。1961—2021 年黄山气候舒适日数呈现显著的增多趋势,平均每 10 a 增加 4.8 d,增多速率明显高于全省平均,并在 20 世纪 90 年代末期之后更加明显。2021 年黄山气候舒适日数为 216 d,较常年偏多 8 d,较全省同年平均值偏多 14 d(图 6.11)。

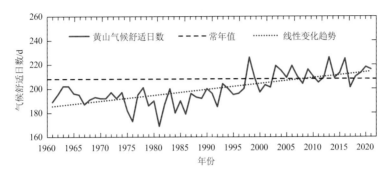

图 6.11　1961—2021 年黄山光明顶气候舒适日数变化

6.4.2 皖南山区生态特征

利用多源卫星影像对安徽省皖南山区植被、水系分布、植被覆盖率、植被释氧量进行监测评估。

(1)皖南山区植被分布特征

归一化植被指数(NDVI)实现对植被长势监测,NDVI 值越大,表示植被长势越好。利用 2022 年 FY-3D/MERSI 卫星数据对安徽省皖南山区植被进行监测,显示皖南山区植被茂密,1 月植被指数在 0.4~0.7,接近 50% 植被指数在 0.5 以上;7 月普遍植被指数在 0.6 以上(图 6.12)。

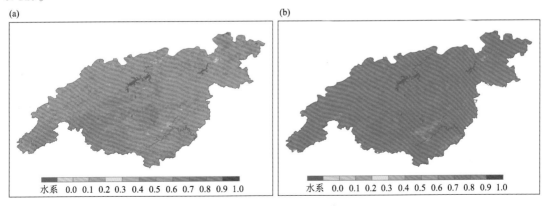

图 6.12　2022 年 1 月(a)、7 月(b)皖南山区 NDVI 分布图

（2）皖南山区名山大川分布特征

安徽有四大名山,其中三大名山都位于皖南地区。黄山是我国十大名山之一;九华山享誉天下,为中国佛教"四大名山"之一;此外,还有 5A 级景区、世界地质公园的天柱山;"中国道教四大名山"之一的齐云山。皖南山区境内有新安江、青弋江,有太平湖、丰乐湖、毛坦水库、奇墅湖、青龙湖等众多大中小水库。太平湖位于黄山与九华山之间,水域面积 88.6 km^2,太平湖旅游资源丰富,湖光山色得天独厚,湖水清澈碧透,青山起伏连绵,水风姿绰约,岛屿散落如珠。2014 年 12 月,太平湖成为安徽首个国家级湿地公园,中外专家将太平湖打造成国际级循环型旅游度假区。新安江发源地及上游地区位于皖南黄山山脉与白际山脉之间,新安江作为国家级风景名胜区一向有"奇山异水,天下独绝"之誉。

利用 2022 年 5 月 1 日哨兵 1 号 10 m 空间分辨率的卫星雷达数据对安徽省皖南山区名山大川进行监测,结果如图 6.13 所示。

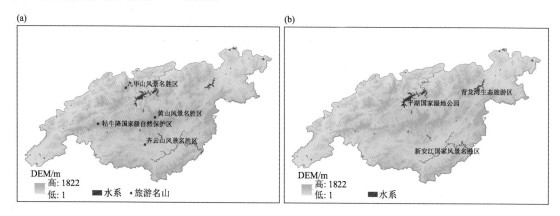

图 6.13　皖南旅游名山大川分布图
(a)名山;(b)大川

6.4.3　皖南山区植被生态质量

（1）皖南山区植被覆盖率、植被释氧量评估

2021 年皖南山区植被覆盖率(图 6.14a)平均为 74.4%,大于全省平均植被覆盖率 73.0%;植被释氧量(图 6.14b)平均为 1313.9 $g \cdot m^{-2}$,总释氧量 3005.5 万 t,是人们呼吸新鲜空气、健身养生旅游的天然"森林氧吧"。

（2）2000—2021 年皖南山区有 98% 的区域植被生态得到改善,2021 年达最好

2000—2021 年皖南山区有 98.0% 的区域植被生态质量指数呈提高趋势,东北部和南部大部地区平均每年增加 0.5～1.6(图 6.15a),植被生态质量明显改善。但受城市化影响,零星地区植被生态质量指数呈下降趋势。整体来看,2021 年植被生态质量指数较 2000 年平均水平提高 14.7%,2021 年为 2000 年以来最好达到 76.4(图 6.15b)。

（3）2021 年皖南山区植被生态质量总体好于常年和 2020 年

与 2020 年相比,2021 年皖南山区植被生态质量指数平均提高 2.9%(图 6.16a)。皖南山区植被生态质量监测评估结果表明,2021 年皖南山区植被生态质量指数达 76.4,较常年(2000—2020 年平均值)提高 7.7%,生态质量处于较好和很好等级的面积比例达 95%(图 6.16b)。

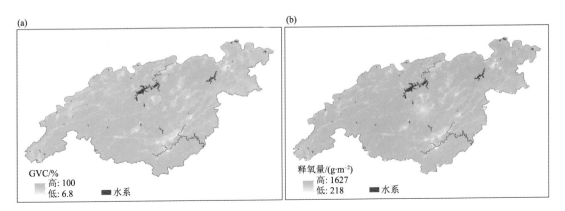

图 6.14 2021 年皖南山区植被覆盖率(a)和释氧量(b)分布图

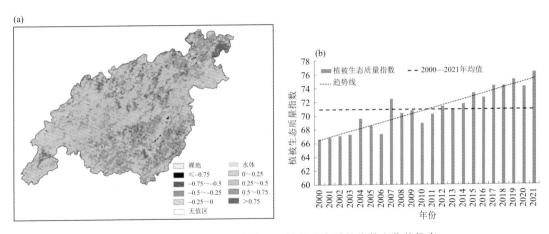

图 6.15 2000—2021 年皖南山区植被生态质量指数变化趋势率

(a)空间分布;(b)整体趋势

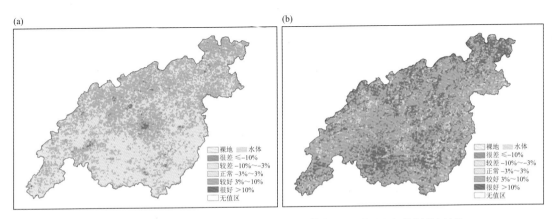

图 6.16 2021 年皖南山区植被生态质量指数与 2020 年(a)和常年(b)对比

6.5　本章小结

　　森林生态系统是陆地生态系统的主体,安徽省气象科学研究所从植被生态质量指数以及变化趋势率、大别山区森林水源涵养、城市水源保护、林火卫星监测、皖南山区生态旅游资源等开展森林生态气象监测评估业务。

　　(1)2021年大别山区水热条件利于植被生长和生态质量的提高,植被生态质量总体好于常年(2000—2020年平均值)和2020年。2000—2021年大别山区有97%的区域植被生态得到改善,2021年最好。大别山区植被生态质量的提高促进了水土保持功能的提升。

　　(2)利用卫星雷达数据对安徽省大别山区五大水库水体面积进行持续监测,获取水库水体面积及空间分布,为城市水源保护工作提供技术支撑。利用TERRA和AQUA卫星、葵花8号静止气象卫星、哨兵-2A等多源卫星遥感数据对安徽省林火进行实时监测,为森林防火工作提供技术支持。

　　(3)从植被覆盖率、释氧量、区域水体等评估指标对皖南山区旅游生态进行卫星遥感监测。2021年皖南山区植被覆盖率平均为74.4%,大于全省平均植被覆盖率73.0%;植被释氧量平均为1313.9g/m²,总释氧量3005.5万t。2021年皖南山区植被生态质量总体好于常年(2000—2020年平均值)和2020年。

第 7 章
湿地生态气象

湿地是水陆生态系统的交界面,是生物多样性最丰富的生态系统之一,具有保持水源、净化水质、蓄洪防旱、调节气候、保护生物多样性等重要功能,被誉为"地球之肾"(Mitsch et al.,1993;Ghermandi et al.,2010;李玉凤 等,2014)。湿地生态系统是由土壤、水源、动物、植物等多个组分结合而成的统一的整体。湿地生态系统较为脆弱,易受天气气候和人为因素的影响。

7.1 湿地生态气象监测评估指标和方法

受气候变化和人类活动干扰,部分湿地出现破碎化、生态功能退化等问题,湿地生态监测和修复成为当前的研究热点之一。遥感具有开展持续性大面积同步观测的优势,能在景观尺度下对湿地生态系统进行持续监测,为湿地生态保护提供重要数据基础。湿地生态遥感监测基于卫星遥感影像、气象数据和地理信息数据对湿地景观变化规律进行监测,并对湿地生态健康状况进行评估,建立湿地生态质量评价模型和指标体系。湿地生态质量监测与评估因子包括气象因素(温度、降水、湿度、光照)、植被状况(净初级生产力、归一化植被指数、植被覆盖度)、土地利用类型面积及分布(水域、泥滩、草滩、农田、林地、建设用地)等。安徽省重要湿地名录共 52 处,总面积约 45 万 hm²。其中,升金湖国家级自然保护区被列入国际重要湿地名录,巢湖、石臼湖、扬子鳄栖息地、太平湖被列入中国重要湿地名录。本章基于卫星遥感和地理信息技术对升金湖湿地和巢湖湿地进行生态遥感监测及评价。

7.2 升金湖湿地生态遥感监测

7.2.1 升金湖湿地概况

升金湖(Shengjin Lake)位于安徽省池州市境内(116°55′—117°15′E,30°15′—30°30′N),处于东亚—澳大利西亚候鸟迁徙路线上,同时也是我国长江中下游水鸟重要的越冬栖息地,越冬期间升金湖湿地水鸟总数约占长江中下游湿地水鸟总数的 5%~10%,越冬水鸟的种类超过 60 种(张双双 等,2019;王新建 等,2021;范少军 等,2022)。其中,被列入《国家重点保护野生动物名录》的越冬水鸟有 8 种,包括国家一级保护动物:东方白鹳(Ciconia boyciana)、白鹤(Grus leucogeranus)、白头鹤(Grus monacha)、白枕鹤(Grus vipio),国家二级保护动物白琵鹭(Platalea leucorodia)、小天鹅(Cygnus columbianus)、白额雁(Anser albifrons)、鸿雁

（*Anser cygnoides*）（张双双 等，2019；王新建 等，2021）。升金湖气候温和，水体无污染，周围自然植被繁茂，是珍稀候鸟越冬栖息的理想处所，有"中国鹤湖"的美誉。

1986 年，升金湖被列为国家重点水禽自然保护区；1988 年，被编入《亚洲重要湿地名录》；1992 年被列为中国具有国际意义的 40 个自然保护区之一；1997 年成立国家级自然保护区；2015 年 12 月 25 日，升金湖入编《国际重要湿地名录》，是安徽省拥有国际影响力的自然保护区。升金湖国家级自然保护区总面积约 333.4 km²，其中核心区 101.5 km²，缓冲区 103 km²，实验区 128.9 km²（图 7.1）。1960 年黄溢闸的修建阻隔了湖泊与长江的自然水文连通，使升金湖水位受人为调控影响，黄溢闸在人为调控湖区水位的同时，也影响了水鸟栖息和鱼类洄游，升金湖年均水位 10.88 m，历史最高水位 17.46 m（2016 年 7 月 10 日姜坝站）。作为浅水通江湖泊，升金湖水位存在季节性变化，每年丰水期为 5—8 月，枯水期为 11 月—次年 4 月，黄溢闸在汛期关闭防止江水倒灌，汛后排泄渍水（崔玉环 等，2018）。

图 7.1　升金湖国家自然保护区示意图

7.2.2　升金湖遥感监测与生态评估

从 2010 年起，利用中、高分辨率遥感卫星影像，开展湿地生态遥感监测，探究升金湖湿地的现状及其历史变化特征。

（1）升金湖湿地土地利用类型分布特征

高分数据预处理：采用 ENVI 软件对 2021 年 11 月 24 日升金湖枯水期无云高分六号遥感影像进行包括：辐射定标、大气校正、正射校正、图像融合等预处理，之后基于矢量区域数据裁剪出升金湖 2 m 高分辨率影像图，使用支持向量机法对地物要素进行分类，得到升金湖湿地水域、泥滩、草滩、水田、旱田、林地、建设用地分类图(图 7.2),采用目视解译基于总体精度和 kappa 系数验证土地利用分类精度。

　　枯水期升金湖湿地水域主要分布于升金湖上湖和中湖;泥滩主要分布于升金湖上湖和下湖;农田和居民区主要分布于保护区核心区域北部;林地主要分布于保护区核心区域南部;草滩主要分布于升金湖上湖和下湖沿岸及沿河流地区。2021 年 11 月下旬升金湖湿地土地覆盖类型面积统计表明(表 7.1),枯水期水域面积较小,只有 51.09 km²,泥滩面积较大有 72.15 km²。受水位和人为调控影响,保护区内水域、泥滩、草滩、旱田和水田面积存在明显季节性变化。

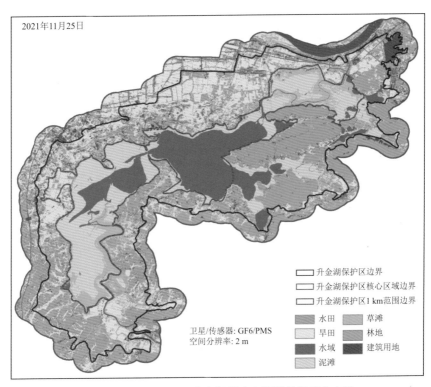

图 7.2　2021 年 11 月升金湖湿地土地覆盖类型分布图

表 7.1　2021 年 11 月升金湖湿地土地覆盖类型面积统计表

地物类型	面积/km²
旱田	66.93
草滩	16.43
林地	83.34
水域	51.09
水田	22.88
泥滩	72.15
建筑用地	18.58
分类像元总计	331.40

(2)枯水期升金湖湿地植被变化

2021 年 11 月上旬—2022 年 4 月下旬升金湖湿地植被指数图显示升金湖湿地植被生长状

况良好(图7.3)。核心区内植被指数变化幅度大,冬季(2021年12月—2022年2月)水域面积明显缩小。随升金湖水位上涨,3月上旬湖区大部分泥滩区域被水域覆盖。

(3)枯水期升金湖水鸟栖息适宜性评价

基于水鸟生存基本需求,选取人为干扰程度、水源条件、食物来源和隐蔽条件作为升金湖越冬期水鸟栖息地评价因子。以Landsat 8 OLI影像数据格网为基准,以格网中心点位为栖

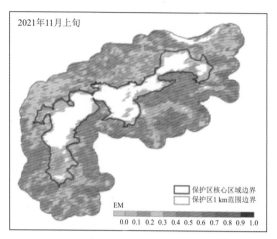

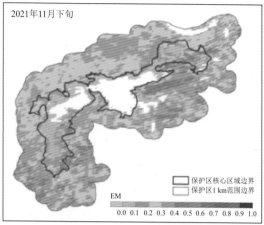

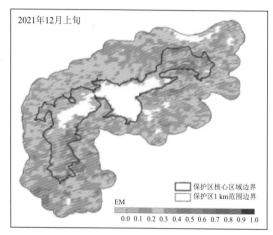

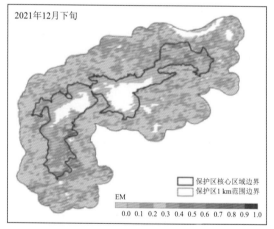

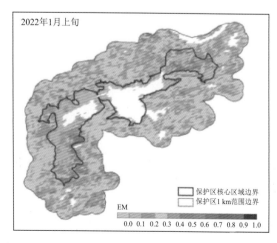

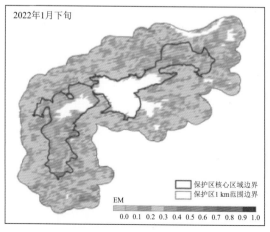

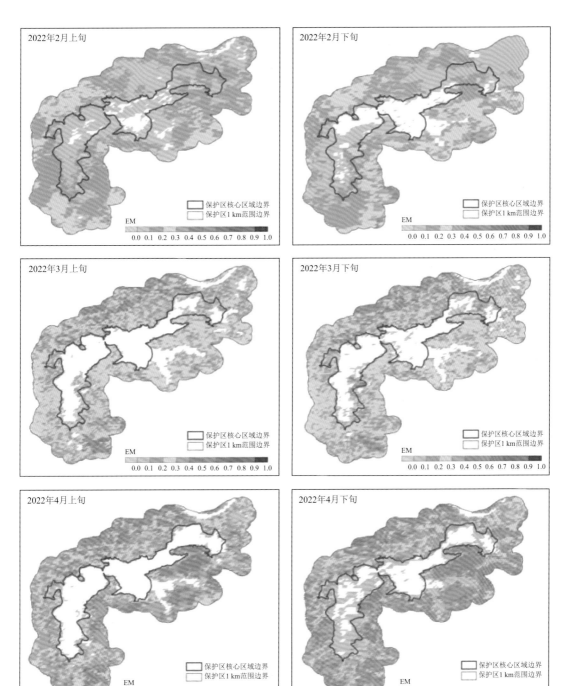

图 7.3　2021 年 11 月上旬—2022 年 4 月下旬升金湖湿地植被指数图

息地质量评价点,绘制 30 m×30 m 升金湖水鸟栖息地适宜性地理分级图。人为干扰是影响水鸟数量分布的重要因素(Sundar et al.,2015;Zou et al.,2019)。通常情况下越冬水鸟栖息位置距离人类活动区域 300～500 m 以上(陈凌娜 等,2018)。因此,基于评价点位距离建筑用地(道路、城镇等)距离将人为干扰程度对栖息地影响分为5个等级(表7.2)。

表7.2 人为干扰对栖息地影响等级

分级	不适宜	较不适宜	一般适宜	较适宜	适宜
建筑用地距离/m	0~300	300~500	500~1000	1000~1500	>1500
评分	0	0.25	0.5	0.75	1

食物来源是影响越冬水鸟生存和分布的重要因素(张贵友 等,2019;王新建 等,2021)。越冬期间,升金湖浅水区、近水泥滩和岸边的水田、冬小麦、油菜种植区是水鸟重要的主要觅食区(张贵友 等,2019)。因此,基于土地利用类型对栖息地食物条件进行评价,将距离水域边界200 m范围内的水域和泥滩定义为浅水区和近水泥滩(表7.3)。

表7.3 食物来源评价等级

分级	不适宜	较不适宜	一般适宜	较适宜	适宜
食物来源	建筑用地	林地	草滩、泥滩	水田、旱田	浅水区、近水泥滩
评分	0	0.25	0.5	0.75	1

水源是水鸟生境的重要组成部分,水鸟通常栖息在距离水源较近的区域,基于评估点距离水域和水田边界距离评价点位水源条件(表7.4)。

表7.4 水源条件评价等级

分级	不适宜	较不适宜	一般适宜	较适宜	适宜
水源距离/m	>1500	800~1500	400~800	200~400	0~200
评分	0	0.25	0.5	0.75	1

植被为水鸟提供休息场所和夜宿地,采用ArcGIS 10.4基于MODIS NDVI数据计算升金湖植被覆盖度,采用克里金插值法基于栖息地评估格网获取各评估点植被覆盖度,评价栖息地隐蔽条件(表7.5)。植被覆盖度计算公式如下:

$$FVC = \frac{NDVI - NDVI_s}{NDVI_v - NDVI_s} \tag{7.1}$$

式中:FVC为植被覆盖度;NDVI为归一化植被指数;$NDVI_v$和$NDVI_s$分别为纯植被像元NDVI值和裸地NDVI值。为防止影像噪声干扰,$NDVI_v$和$NDVI_s$分别选取累计比例为5%~95%的置信区间。

表7.5 隐蔽条件评价等级

分级	不适宜	较不适宜	一般适宜	较适宜	适宜
植被覆盖度/%	0~15	15~30	30~45	45~60	>60
评分	0.2	0.4	0.6	0.8	1

根据人为干扰程度、食物来源、水源条件和隐蔽条件评分计算每个评估点水鸟栖息适宜度(Habitat Suitability Index,HSI),并生成30 m×30 m水鸟栖息地适宜性地理分级图。当HSI≤0.2时,该评估点位不适合水鸟栖息;当0.2<HSI≤0.4时,该评估点位较不适宜水鸟栖息;当0.4<HSI≤0.6时,该评估点位适宜性为一般适宜;当0.6<HSI≤0.8时,该评估点位

较为适宜水鸟栖息;当 0.8＜HSI≤1 时,该评估点位适宜水鸟栖息,HSI 计算公式如下:

$$HSI_{point} = (V_1 \times V_2 \times V_3 \times V_4)^{1/4} \tag{7.2}$$

式中:HSI_{point} 为评估点位适宜度;V_1、V_2、V_3 和 V_4 为该评估点位的人为干扰程度、食物来源、水源条件和隐蔽条件评分。

为探究景观格局变化对水鸟栖息影响,基于人为干扰程度、食物来源、水源条件和隐蔽条件绘制越冬期升金湖水鸟栖息适宜性地理分级图(图 7.4)。研究结果表明,适宜水鸟栖息区域主要分布在上湖和下湖。随水位季节性变化,升金湖湿地水鸟栖息适宜性空间分异特征存在明显变化。越冬前期,上湖和下湖的泥滩、草滩较为适宜水鸟栖息;越冬中期,水鸟栖息适宜度最高,最适区域主要分布在上湖和下湖近水的草滩处;越冬后期,受水域面积持续扩大影响,

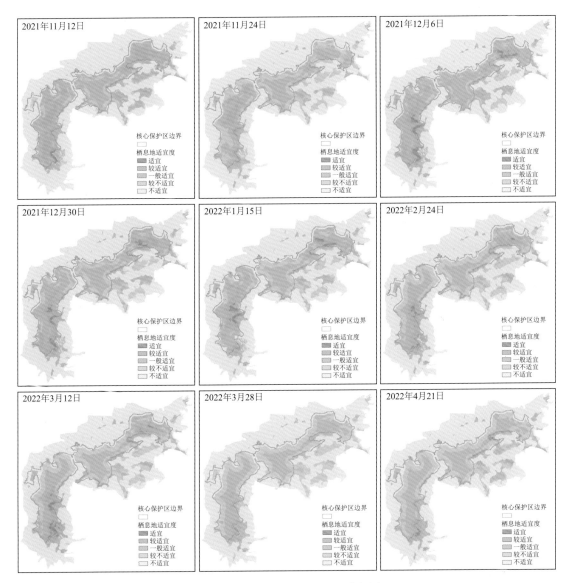

图 7.4　水鸟栖息适宜性地理分级图

适宜区域主要分布在上湖边缘的草滩处。统计结果表明,保护区较适宜和适宜区域面积在 11 月下旬达到低值,合计占保护区总面积 3.53%,12 月上旬水鸟栖息较适宜和适宜区域面积最大,分别占保护区总面积的 7.38% 和 1.46%,并在 3 月下旬迅速降低;12 月—次年 3 月上旬保护区较适宜和适宜区域面积相对稳定,水鸟栖息适宜性较高(表 7.6)。

表 7.6 升金湖越冬期水鸟栖息适宜性评价

日期(年-月-日)		不适宜	较不适宜	一般适宜	较适宜	适宜
2021-11-12	面积/hm²	19724.13	1929.06	8037.72	2432.97	86.67
	占保护区面积比例/%	61.24	5.99	24.95	7.55	0.27
2021-11-24	面积/hm²	19358.82	4786.74	6929.73	1135.26	0
	占保护区面积比例/%	60.10	14.86	21.51	3.53	0.00
2021-12-06	面积/hm²	19471.95	2064.78	7801.92	2375.82	471.78
	占保护区面积比例/%	60.50	6.42	24.24	7.38	1.46
2021-12-30	面积/hm²	19447.29	2931.57	7592.31	1966.77	272.61
	占保护区面积比例/%	60.37	9.10	23.57	6.11	0.85
2022-01-15	面积/hm²	19731.87	3240.36	7077.6	1826.64	308.52
	占保护区面积比例/%	61.31	10.07	21.99	5.67	0.96
2022-02-24	面积/hm²	19216.44	4618.89	6314.58	1907.64	153
	占保护区面积比例/%	59.66	14.34	19.60	5.92	0.48
2022-03-12	面积/hm²	19208.34	4437.99	6180.03	2076.57	306.9
	占保护区面积比例/%	59.63	13.78	19.19	6.45	0.95
2022-03-28	面积/hm²	19293.48	6847.65	5606.28	448.56	14.58
	占保护区面积比例/%	59.90	21.26	17.40	1.39	0.05
2022-04-24	面积/hm²	19111.86	4812.93	6750.81	1448.46	86.49
	占保护区面积比例/%	59.33	14.94	20.96	4.50	0.27

水鸟是湿地生态系统重要的指示类群,湿地栖息适宜性直接影响水鸟群落结构稳定性(王新建 等,2021)。越冬水鸟的栖息地主要为水鸟提供觅食和休息区域,食物丰富度、休息地隐蔽性、人为干扰程度和水源条件是影响水鸟栖息的主要因素(陈凌娜 等,2018;王成 等,2018;Zou et al.,2019;陈薇 等,2020)。其中,食物资源的丰富度和可获得性是影响越冬水鸟栖息的关键因素(王新建 等,2021)。升金湖湿地较适宜水鸟栖息区域主要分布在上湖区和下湖区的保护区核心区域。近水泥滩和浅水区是食物丰富度较高的地区,也是鹤类的主要觅食区(王新建 等,2021)。水域面积和分布变化是影响水鸟食物资源丰富度和可获得性的主要影响因素。越冬期间,升金湖湿地湖区主要为水域和泥滩覆盖,植被较少,隐蔽性较差,湖区边缘的草滩植被覆盖度较高且距离水源较近,为水鸟栖息提供适宜的栖息条件。

升金湖湿地景观格局存在明显的季节性变化,并改变越冬水鸟栖息适宜区域分布,影响越冬水鸟地理分布(张双双 等,2019)。越冬前期,较适宜区域主要分布在上湖区中心区域,随水位上涨,中、后期逐渐移至湖区东侧边缘处。11 月下旬上湖水域空间分布范围较小可能是该时期水鸟栖息适宜度较低的主要因素。12 月上旬升金湖湿地适宜水鸟栖息区域面积最大,主要分布在上湖区东侧草滩和近水泥滩处以及下湖区草滩处,该区域食物较为丰富,植被覆盖度较高且距离道路和居民聚集区较远,符合水鸟对栖息生境的需求。越冬后期,受水位影响较适宜和适宜区域面积明显减小,空间分布破碎化和边缘化趋势。总体上,升金湖湿地在 12 月最适宜水鸟栖息,3 月上旬受人为调控升金湖水位下降提高了该时期水鸟栖息适宜度。升金湖湿地季节性土地利用和景观格局变化是影响越冬期水鸟栖息适宜性的决定性因素。

（4）2010—2020 年升金湖保护区水体面积年际变化

基于环境与灾害监测预报小卫星（HJ-1A/1B）30 m 分辨率遥感影像,采用水体指数 ND-WI 提取升金湖湿地自然保护区夏季（丰水期）和冬季（枯水期）水体面积（图 7.5）,2010 年以来,升金湖自然保护区水体（包括升金湖和高桥湖）面积夏季一般大于 100 km²,2010—2020 年夏季平均水体面积为 142.52 km²;冬季一般大于 90 km²,2010—2019 年冬季平均水体面积为 115.79 km²（图 7.6 和图 7.7）,2016 年升金湖自然保护区夏季和冬季水体面积分别为 188.75 km² 和 126.90 km²,均为 10 a 来最大。

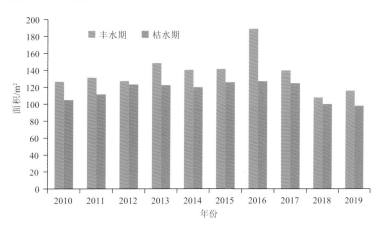

图 7.5　2010—2019 年升金湖自然保护区水体面积变化

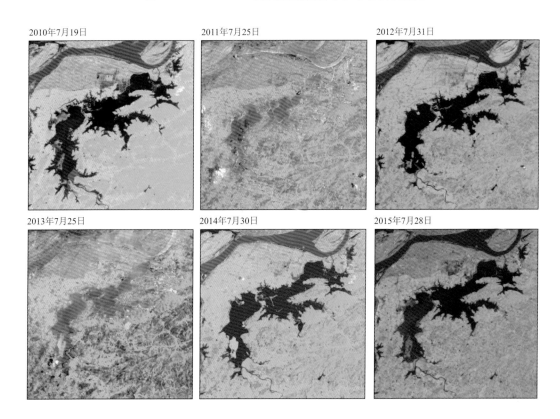

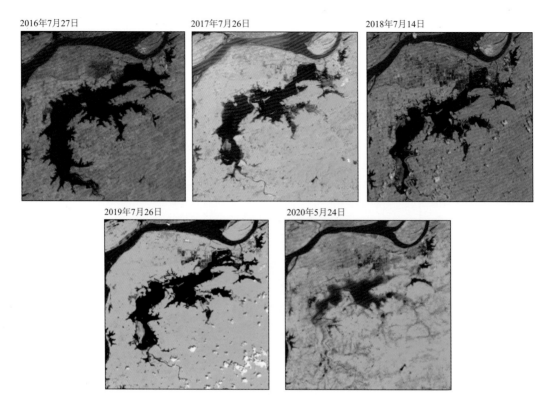

2016年7月27日　　2017年7月26日　　2018年7月14日

2019年7月26日　　2020年5月24日

图 7.6　2010—2020 年升金湖自然保护区丰水期水体环境卫星影像变化图

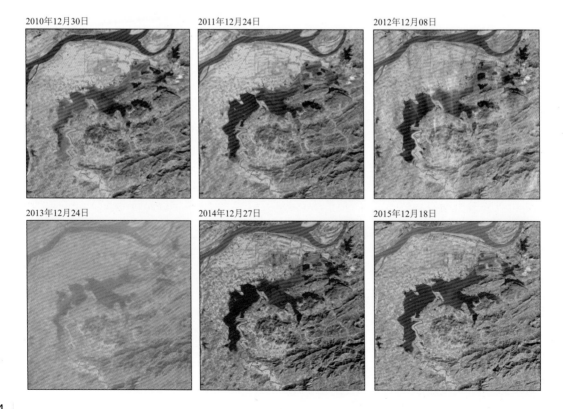

2010年12月30日　　2011年12月24日　　2012年12月08日

2013年12月24日　　2014年12月27日　　2015年12月18日

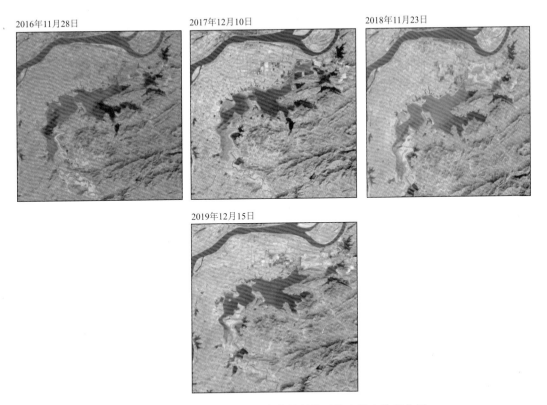

2016年11月28日　2017年12月10日　2018年11月23日

2019年12月15日

图 7.7　2010—2019 年升金湖自然保护区枯水期水体变化图

7.3　升金湖湿地小气候和生态特征

7.3.1　升金湖湿地小气候

升金湖属亚热带季风气候,夏季炎热潮湿,冬季寒冷干燥。平均无霜期 240 d,年均降雨量 1656.2 mm,年均蒸发量 757.5 mm,年均日照时数 1524.5 h,平均气温 17.05 ℃,最高气温 40.3 ℃,最低气温−12.5 ℃,1 月平均气温 4.59 ℃,年平均≥10 ℃活动积温为 6149.7 ℃·d。2000 年以来升金湖平均气温、年降水量均呈升高趋势。2022 年年降水量为 1268 mm,平均气温为 17.55 ℃,平均日照时数为 5.5 h,平均相对湿度为 76.27%(图 7.8～图 7.11)。

(1)降水量对升金湖水资源影响

气象因子对湖泊湿地生态的直接贡献主要体现在降水和蒸散上,从不同时段平均降水与当年丰水期水面积相关系数看,保护区丰水期水面积与上半年降水量有十分显著的相关关系,(图 7.12),其中 1—7 月降水量与丰水期水面积相关系数最大,达 0.83(表 7.7)。枯水期水面积与降水量相关性不十分明显。

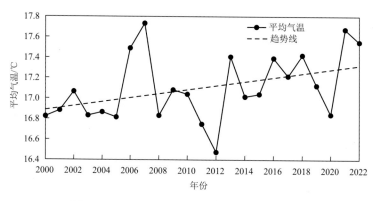

图7.8　2000—2022年升金湖平均气温年变化

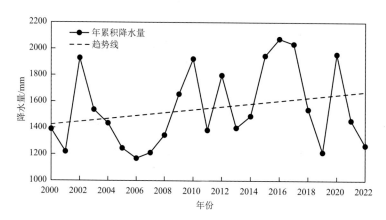

图7.9　2000—2022年升金湖降水量年变化

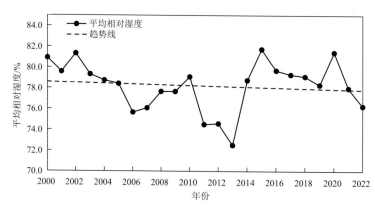

图7.10　2010—2022年升金湖平均相对湿度年变化

（2）洪涝对升金湖水面积影响

2020年7月以来江南出现持续性强降水，7月2日08时—13日08时沿江西部累计降水达250～400 mm，受强降水影响，安徽省长江流域河流湖泊水位上涨，洪涝严重。利用2020年7月11日高分三号10 m分辨率雷达卫星资料和2020年5月28日哨兵1号10 m雷达卫星资料对升金湖洪涝情况进行监测，并处理生成水情监测图（图7.13）。结果显示：受强降水影响,升金湖水体面积扩大 81%(表 7.8)。图 7.13 中所示黄色和红色区域为新增水体。

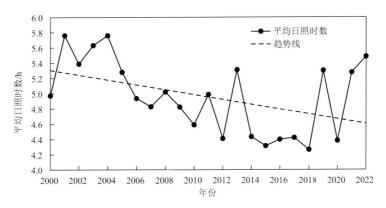

图 7.11　2010—2022 年升金湖平均日照时数年变化

表 7.7　不同时段平均降水与丰水期水面积相关系数表

时段	前一年 8 月—当年 7 月	前一年 11 月—当年 7 月	1—7 月	3—7 月	5—7 月
相关系数	0.68	0.8	0.83	0.81	0.72

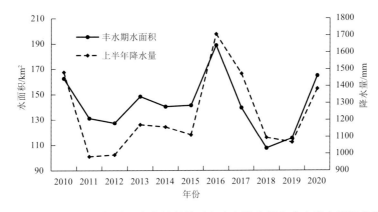

图 7.12　2010—2020 年升金湖自然保护区上半年降水量和丰水期水面积变化图

表 7.8　2020 年汛期安徽省升金湖水域面积变化

单位:km²

日期	5 月 28 日	6 月 9 日	6 月 21 日	7 月 11 日
水域面积	91.1	106.7	123.8	164.69

7.3.2　升金湖湿地固碳能力

2022 年植被净初级生产力为 626.3 gC·m^{-2},相较 2021 年减少 129 gC·m^{-2}(图 7.14)。2022 年升金湖自然保护区固碳量为 9.3 万 t,释氧量为 24.9 万 t。

从分布图看,升金湖保护区大部分 NPP 在 500 gC·m^{-2} 以上,NPP 低值区位于核心区水域中心,大多小于 400 gC·m^{-2}(图 7.15),NPP 大小依次为林地、农田、草滩、泥滩和水域;NPP 变化趋势率是四周高、中间低,60% 像元的 NPP 有增加趋势,主要分布在升金湖湿地四

▨ 5月28日哨兵1号监测水体
☐ 6月21日哨兵1号监测新增水体
■ 7月11日高分3号监测新增水体

图 7.13　安徽省长江流域升金湖洪涝雷达卫星监测图

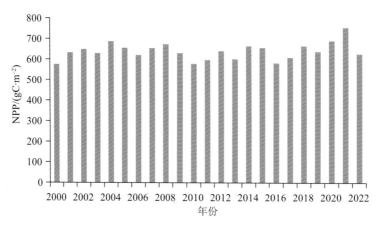

图 7.14　2000—2022年升金湖自然保护区植被净初级生产力年变化

周,40%像元的NPP总体呈下降趋势,主要分布在升金湖湿地中部,属于泥滩和水域像元,表示该区域生态活力在变差(图7.15)。

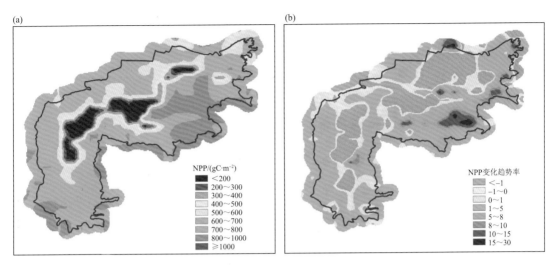

图 7.15　2022 年植被净初级生产力(a)和 2000—2022 年植被净初级生产力变化趋势率(b)空间分布图

7.4　巢湖湿地蒸散量反演

（1）算法流程

SEBAL 模型是由荷兰 DLO Starting Center 主导研发的蒸散量反演模型,它利用遥感影像数据资料,具有坚实的理论基础,且参数较少。SEBAL 模型的基本流程如图 7.16 所示。利用产品和气象数据获取植被指数、地表温度等地表参数;然后利用地表参数估算净辐射量、土壤热通量与感热通量;最后由能量剩余法得到用于蒸散的潜热通量,并通过时间尺度扩展得到日蒸散量。

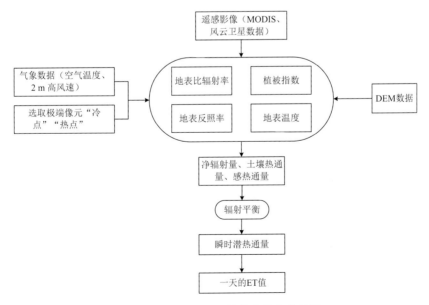

图 7.16　SEBAL 模型估算蒸散发流程图

（2）湿地蒸散量反演结果

图7.17给出了巢湖周边湿地蒸散量的空间分布，从图中可以看出，其蒸散量的值在6～8 mm·d^{-1}。

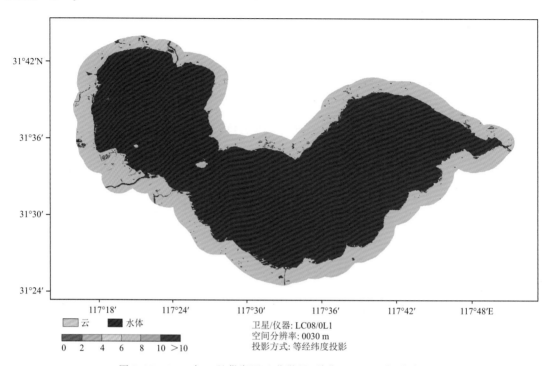

图7.17　2021年8月巢湖湿地蒸散量（单位：mm·d^{-1}）分布图

7.5　本章小结

（1）本章基于中、高分辨率遥感卫星影像，开展湿地生态遥感监测，探究升金湖湿地的景观格局变化特征及其对水鸟栖息的影响。结果表明，升金湖景观格局存在季节性变化，并影响水鸟栖息适宜度，越冬期间12月—次年2月较为适宜水鸟栖息。

（2）2000年以来升金湖平均气温、年降水量均呈升高趋势，植被净初级生产力年变化呈增加趋势。降水和蒸散是影响湖泊湿地生态的重要因素，丰水期升金湖水面积与降水量显著相关，而枯水期水面积与降水量相关性不显著。作为浅水通江湖泊，升金湖易受极端天气影响，短时强降水可能导致湖泊面积在短期内迅速增加。

第8章
大气环境

　　大气环境是指生物赖以生存的空气的物理、化学和生物学特性。当大气中一些物质的含量达到有害的程度以至破坏生态系统和人类正常生存和发展的条件时就会造成大气污染。在现代相当一段时期,大气污染现象出现了压缩性、区域性和复合型的趋势,城市及区域大气污染状况严重,重污染日发生频率高。随着大气污染日趋严重,为了改善大气环境状况,国家相继出台了一系列政策。环境保护部于 2012 年 3 月 2 日颁布新的《环境空气质量标准》(GB 3095—2012,环境保护部科技标准司,2012),将 PM$_{2.5}$、O$_3$ 等污染物纳入评价标准。2013 年 9 月,国务院发布《大气污染防治行动计划》,明确了空气质量评价主要污染物的短期改善目标。2015 年 4 月,中共中央、国务院发布关于加快推进生态文明建设的意见,要求全面推进污染防治,利用卫星遥感等技术手段,对自然资源和生态环境保护状况开展全天候监测。2015 年 8 月,全国人大修订通过了《中华人民共和国大气污染防治法》,从根源上减少大气污染物的排放等措施,强调对重污染天气的应急处理。2017 年 10 月,党的十九大报告中提出,"持续实施大气污染防治行动,打赢蓝天保卫战",进一步强化大气污染防治工作。随着一系列政策的实施,我国大气污染状况得到有效改善,利用卫星遥感等技术手段,对自然资源和生态环境保护状况开展全天候监测是必不可少的手段。

8.1　大气环境监测评估指标和数据

　　卫星观测可以覆盖全球大气,卫星数据观测客观公正,利用卫星遥感等技术手段,对自然资源和生态环境保护状况开展全天候监测具有先天优势。大气环境监测评估的主要指标有大气气溶胶、反应性气体、温室气体三大类(表 8.1)。气溶胶是气体中悬浮的微小的液体或固体粒子,气溶胶对气候产生的直接效应就是散射和吸收太阳辐射,使得到达地面的太阳辐射减少(王翔朴 等,2000)。气体状态污染物主要有以二氧化硫为主的硫氧化合物,以二氧化氮为主的氮氧化合物,以一氧化碳为主的碳氧化合物等。温室气体指的是大气中能吸收地面发射的长波辐射,并重新进行辐射的一些气体,如水蒸气、二氧化碳等。它们的作用是使地球表面变得更暖,类似于温室截留太阳辐射,并加热温室内空气的作用。这种温室气体使地球变得更温暖的影响称为"温室效应"。水汽(H$_2$O)、二氧化碳(CO$_2$)、氧化亚氮(N$_2$O)、氟利昂、甲烷(CH$_4$)等是地球大气中主要的温室气体。卫星大气环境监测产品主要有大气气溶胶(灰霾、沙尘)、反应性气体(NO$_2$、SO$_2$、O$_3$)、温室气体(CO$_2$、CH$_4$)等。

表8.1　大气环境监测评估主要指标

大气气溶胶	反应性气体	温室气体
总悬浮颗粒物浓度（TSP）	臭氧	水汽
可吸入颗粒物浓度（PM_{10}）	氮氧化物	二氧化碳
细颗粒物浓度（$PM_{2.5}$）	二氧化硫	甲烷
超细粒子浓度（PM_1）	挥发性有机物等	氧化亚氮

（1）地面气象观测数据

地面气象观测资料，从全国综合气象信息共享平台（China Integrated Meteorological Information Service System，CIMISS）中接入区域内（114°—123°E，29°—38°N）包含482个气象观测台站，气象要素主要包括相对湿度、能见度、降水量的逐小时数据。从CIMISS的中国地面逐小时资料（代码：SURF_CHN_MUL_HOR_N）库中，采用按时间、经纬度范围检索地面数据要素（getSurfEleInRectByTime）接口获取区域内气象要素信息。接口调用方法采用客户端调用方式。

（2）大气颗粒物浓度数据

收集整理2015年以来环境保护部发布的逐小时环境观测数据，包括区域内监测站数据。内容包括：站号、纬度、经度、AQI（空气质量指数）、空气质量指数类别、$PM_{2.5}$细颗粒物、PM_{10}可吸入颗粒物、CO、NO_2、O_3（1 h）、O_3（8 h）、SO_2。

（3）MODIS/AOD产品数据

收集区域内逐日MODIS的L2级C006版本的大气产品MOD04_3K（https://ladsweb.nascom.nasa.gov/data/search.html）对5 min分幅产品，利用IDL语言实现自动格式转换、投影转换、拼接、剪裁等处理。下载处理了2002—2020年逐日数据。

目前为止，MOD04气溶胶产品经历了Collection 002、003、004、005和006（简称C002、C003、C004、C005和C006）等多次更新，其中C005在地表反射率确定方法、辐射传输方程以及气溶胶模式等方面做了重大改进，C051在C005的基础上提高了亮反射表面的准确性。最新版本C006于2014年上半年发布，除改进原有10 km分辨率产品之外，还公布了全新的3 km产品。

3 km产品建立在与10 km产品标准暗像元法相同的算法和查找表LUT的基础上，两者算法的差别仅仅在于反射率像元的提取、组织和选择的方法。3 km产品分辨率更高，可以更合理地处理海岸带、岛屿等水陆界线较为复杂的区域，以及无云情况下的烟羽，其优势体现在小尺度区域。

已有研究表明（王宏斌 等，2016），相较于C005的10 km产品，C006的10 km和3 km产品与气溶胶自动监测网AERONET（Aerosol Robotic Network）监测的气溶胶光学厚度相关性更好，其中C006的10 km产品的精度得到总体提升，但3 km产品在亮地表下垫面的精度有待提高。目前针对10 km产品的研究较为翔实，中分辨率决定其更适用于全球等大尺度研究。3 km产品基本符合预期误差，与AERONET相关性也较好，但准确性因地而异，更适用于小尺度区域研究，其相对较高的空间分辨率为$PM_{2.5}$地面监测网络、AERONET气溶胶自动观测网络和多尺度空气质量模式CMAQ（Community Multiscale Air Quality）等空气质量模型的协同应用提供了可能。

8.2 颗粒物浓度遥感监测

大气气溶胶是气体中悬浮的微小的液体或固体粒子(灰霾、沙尘),气溶胶光学厚度(Aerosol Optical Depth,AOD)指的是气溶胶消光(散射＋吸收)系数在整层大气中的垂直积分,它是气溶胶最重要的参数之一,是表示大气浑浊程度的关键物理量,也是确定气溶胶气候特性的重要因素。气溶胶在空间上变化较大,时间上变化较快,利用卫星对气溶胶的分布、光学和辐射效应进行大范围观测,能够给出污染物来源和变化趋势的宏观分布状况。卫星地面颗粒物浓度产品对霾有定量监测能力,霾的核心物质是空气中悬浮的灰尘颗粒,气象学上称为气溶胶颗粒,卫星气溶胶光学厚度产品具有对霾的定量监测能力,其中气溶胶光学厚度的高值区对应霾区。

8.2.1 气溶胶光学厚度时空分布

2000—2011 年安徽省年平均气溶胶光学厚度(AOD)呈现逐年增加的趋势,从 2011 年开始呈现逐年降低的趋势,特别是从 2014 年来逐年降低明显,2021 年达到最低值 0.419,2022 年气溶胶光学厚度较上一年大幅反弹,达到 0.495(图 8.1)。据安徽省生态环境厅统计,2021 年全省 $PM_{2.5}$ 平均浓度 34.9 $\mu g \cdot m^{-3}$,优良天数比例 84.6%,均创有监测记录以来最好水平;但 2022 年全省 $PM_{2.5}$ 平均浓度为 35 $\mu g \cdot m^{-3}$,同比持平;全省优良天数比例下降到 81.8%,同比下降 2.8 个百分点。从 2022 年气溶胶光学厚度的年平均分布图上看,安徽省大别山区和皖南山区 AOD 基本都低于 0.4,沿淮淮北、江淮之间和沿江地区处于相对高值区,基本都大于 0.4,与上一年相比,该区域大部分地区气溶胶光学厚度从 0.4~0.5 上升到 0.5~0.6(图 8.2)。

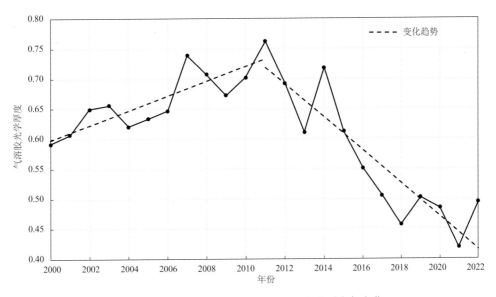

图 8.1　2000—2022 年安徽省气溶胶光学厚度年变化

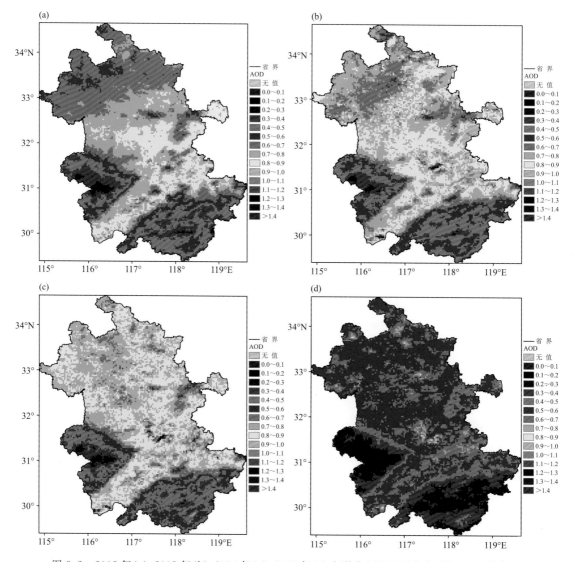

图8.2 2002年(a)、2008年(b)、2014年(c)、2022年(d)安徽省MODIS遥感反演AOD分布图

8.2.2 气溶胶颗粒物浓度遥感反演

尽管许多城市都在其主要地带建立了地面环境监测站来监测颗粒物以及污染气体浓度等,但是这些站点往往比较稀疏、集中于城市,难以全面反映气溶胶粒子的空间分布,不能进行宏观监测。卫星遥感可以提供广阔范围内的气溶胶的区域分布,在污染物监测、污染事件的确定、污染源解析以及污染物的区域输送等方面有广泛的应用。气溶胶遥感资料尤其是气溶胶光学厚度(AOD)反映了大气中气溶胶等对入射太阳电磁辐射的衰减程度,被广泛应用于大气污染监测中。基于气溶胶光学厚度反演近地面颗粒物浓度,实现地面颗粒物浓度的由点及面的监测,能极大弥补地面监测站的不足,发挥了卫星遥感信息高分辨率的优点,极大提高了空气质量监测的准确率和覆盖面。

为了使遥感获得的AOD成为合理反映地面可吸入颗粒物的指标,进行污染天气监测,首先对气溶胶光学厚度产品进行垂直订正,同时对地面观测可吸入颗粒物(PM₁₀)、细颗粒物(PM₂.₅)质量浓度进行吸湿订正,根据订正后的结果建立动态线性回归模型;在此基础上,对回归后的结果结合地面站点观测的颗粒物浓度进行变分订正,通过变分方法推算得到近地层颗粒物浓度的空间分布。最后基于此方法和逐日的 AOD/MODIS 数据,逐日反演颗粒物浓度,最后得到颗粒物浓度时空分布特征(何彬方 等,2020)。

(1)应用区域

应用区域主要以华东的安徽、江苏、上海、山东三省一市为研究区(图 8.3),区域内有工业发达的省(市),也有以农业为主的区域;既有大型城市,也有中小城市;既有平原,也有山区。研究区内随着国民经济的快速发展,城市规模不断扩大,森林面积逐年减小,工业化使社会经济高速发展,也带来了对资源的大量消耗和对大气环境的严重破坏。以可吸入颗粒物(PM₁₀)、细颗粒物(PM₂.₅)为特征污染物的区域性大气环境问题日益突出,所以有必要针对该区域进行研究。针对卫星数据特点,选取包含上述省(市)的矩形区域,经度为 114°—123°E,纬度为 29°—38°N。

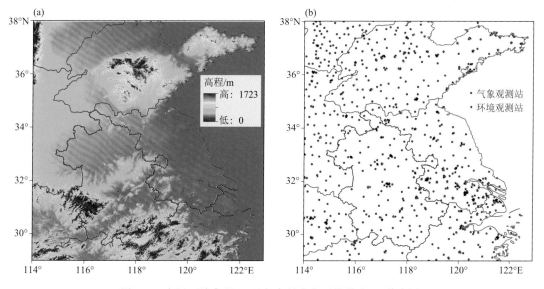

图 8.3　应用区域高程(a)及气象站点与环境站点(b)分布图

(2)站点数据与遥感数据的时空匹配

地面监测数据的时间窗口:地面监测值选择卫星过境时刻前后 1 h 内的地面监测数据的平均值。卫星观测数据的空间窗口:卫星遥感影像选取以地面监测点为中心,周围一定空间范围内的 MODIS/AOD 进行平均(图 8.4)。利用时空相匹配的 MODIS/AOD 和近地面颗粒物浓度进行比较。为获得一般性结果,提高 AOD 与站点实测颗粒物浓度的相关度,本节剔除站点实测颗粒物浓度高于 1000 $\mu g \cdot m^{-3}$ 的数据。

空间窗口对 PM-AOD 相关关系的影响仍不确定。目前常用的 AOD 空间窗口是 50 km×50 km,以大西洋上空气溶胶在对流层中部传送的平均速度(< 50 km·h⁻¹)为依据。有的研究根据本地风速选取空间窗口。相关研究发现,空间窗口越小,PM-AOD 相关性越佳,这是因为大气污染物的分布具有空间异质性。颗粒物浓度是站点测量值;而 AOD 为面状观测结果,采样窗口越小,窗口内 AOD 差异越小,越能代表采样窗口中心的气溶胶状况。然而,AOD 有

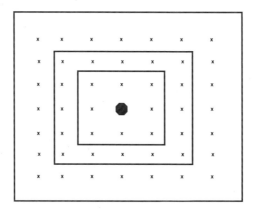

图 8.4 空间匹配示意图

效数据样本量随空间窗口缩小而减少,考虑到 3 km 产品 AOD 有效数据比例较 10 km 产品显著减少,采用小空间采样窗口导致研究数据样本量进一步下降,使得数据分析的随机性和不确定性增加,进而对下一步的讨论造成困难。因此,在接下来的应用中,对 3 km 产品取 7×7 像元的空间采样窗口,空间窗口均为 20 km×20 km 左右。为避免几何校正偏差导致的对比畸值,一般不使用 1×1 像元。

(3)颗粒物浓度吸湿订正

地面 PM$_{2.5}$ 浓度测定一般是干燥过程进行称重测量,而卫星遥感反演的 AOD 是在当时环境(湿度)下反演得到的,相对湿度(Relative Humidity,RH)对颗粒物的消光系数影响显著。在 RH 较高的情况下,水溶性气溶胶颗粒吸湿膨胀、粒径增大,消光系数可以增大数倍,所以必须对 PM$_{2.5}$ 浓度进行订正,以消除二者之间的系统差别(赵青琳 等,2022)。气溶胶颗粒物的吸湿增长特性显著影响气溶胶的复折射指数、消光横截面及其他光学性质,气溶胶消光系数 σ_a 和颗粒物浓度 PM 的相关关系因颗粒物的化学组成和环境空气湿度而异。相对湿度对气溶胶散射能力的影响通常用散射吸湿增长因子 $f(RH)$(RH≤40%)下气溶胶消光系数的比值表示:

$$f(RH) = \frac{\sigma_a}{\sigma_{a,dry}} \tag{8.1}$$

湿度订正采用经验公式:

$$k_a = \rho(PM_x) \times f(RH) \tag{8.2}$$

式中:x 为颗粒物的粒径值,在本研究中为 2.5 和 10。对于气溶胶消光吸湿增长因子 $f(RH)$,国际上有多种拟合形式,Kasten(1969)根据吸湿增长观测数据提出了经典的单参数模型,并通过改进采用如下模型:

$$f(RH) = \left(\frac{1-RH}{1-RH_0} \right)^{-\gamma} \tag{8.3}$$

式中:σ_a 为环境空气温度情况下的气溶胶消光系数;$\sigma_{a,dry}$ 为相对湿度小于等于 40% 时"干"气溶胶消光系数;$\rho(PM_x)$ 和 k_a 分别为湿度订正前、后颗粒物质量浓度;RH 和 RH$_0$ 分别为环境空气相对湿度和"干"状态下相对湿度(RH$_0$ 为 40%);γ 是 Hanel 增长系数,该模型中首先需要对 Hanel 增长系数进行拟合,拟合方法根据以下理论推导。

干条件下气溶胶消光系数:

$$\sigma_{a,dry} = \alpha_{ext,a} \times PM = \alpha_{ext} \times PM_{2.5} + \alpha'_{ext} \times PM_{>2.5} \tag{8.4}$$

式中：$\alpha_{\text{ext,a}}$ 表示平均质量消光效率（Mean Mass Extinction Efficiency）；α_{ext} 表示细粒子质量消光效率（$\leqslant 2.5~\mu\mathrm{m}$）；$\alpha'_{\text{ext}}$ 表示粗粒子质量消光效率（$>2.5~\mu\mathrm{m}$）；$\mathrm{PM}_{2.5}$ 指直径小于等于 $2.5~\mu\mathrm{m}$ 的颗粒物质量浓度，$\mathrm{PM}_{>2.5}$ 指直径大于 $2.5~\mu\mathrm{m}$ 的颗粒物质量浓度。特别是在东亚，主要的气溶胶类型为城市/工业气溶胶，在气溶胶消光中细粒子贡献占主要部分，F 为细粒子比例。

$$\mathrm{PM}_{2.5} = F\,\frac{1}{\alpha_{\text{ext}}}\,\frac{\sigma_{\text{a}}}{f(\mathrm{RH})} = F\,\frac{\sigma_{\text{a}}}{\alpha_{\text{ext}}}\,\frac{1}{\left(\dfrac{1-\mathrm{RH}}{1-\mathrm{RH}_0}\right)^{-\gamma}} \tag{8.5}$$

两边取自然对数，得到：

$$\ln\frac{\sigma_{\text{a},i}}{\mathrm{PM}_{2.5,i}} = \ln\frac{\alpha_{\text{ext},i}}{F} - \gamma_i \ln\left(\frac{1-\mathrm{RH}}{1-\mathrm{RH}_0}\right) \tag{8.6}$$

式中：参数 $\alpha_{\text{ext},i}$ 和 γ_i 未知；i 表示不同 $\mathrm{PM}_{2.5}$ 测站；站点消光系数 $\sigma_{\text{a},i} = \dfrac{3.912}{\mathrm{Vis}}$；Vis 为气象站观测的能见度。在已知各个站点的相对湿度、$\mathrm{PM}_{2.5}$ 浓度，能见度的条件下，对各个站点进行线性拟合，就可以得到各个站点的 Hanel 增长系数。把气象观测站与环境观测站先进行距离最近匹配，并按上面公式计算参数，最后进行线性回归拟合，得到的线性趋势系数就是 Hanel 增长系数。

选取区域内分布在北、中、南三位置的 99169（117.2737 °E，31.8610°N）、99212（119.6548°E，29.1106 °N）、99569（116.5502 °E，35.4082°N）三站，依据公式对相对湿度与能见度和 $\mathrm{PM}_{2.5}$ 浓度进行幂函数拟合，结果如下图（图 8.5），可见相对湿度与 $\mathrm{PM}_{2.5}$ 浓度和能见度的关系呈显著的指数特征。在相同的 $\mathrm{PM}_{2.5}$ 浓度情况下，随着相对湿度的增大，能见度呈指数减小，消光系数呈指数增加。

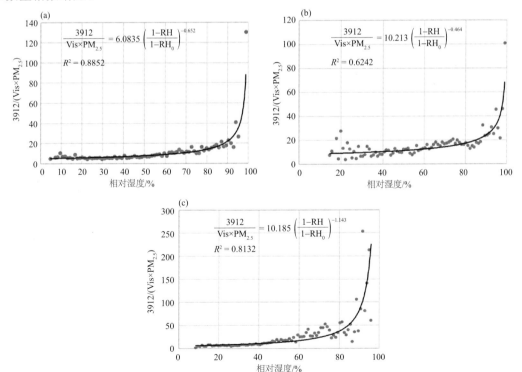

图 8.5　不同站点相对湿度与 $\mathrm{PM}_{2.5}$ 浓度和能见度分布特征及幂函数拟合曲线
(a)99169；(b)99212；(c)99569

最后得到研究区域内 406 个站的 Hanel 增长系数,见表8.2和图8.6。

表8.2 **Hanel 增长系数表(部分监测站点)**

站号	经度/°E	纬度/°N	回归相关系数	细粒子质量消光效率的自然对数	Hanel 增长系数
98038	114.014	33.5933	−0.7879	2.3835	0.4812
98039	114.0471	33.5753	−0.7862	2.3747	0.5136
98156	116.8422	32.778	−0.8728	2.4249	0.8846
98157	117.0597	32.6371	−0.5609	3.4134	0.4784
98160	117.3561	32.9285	−0.8039	2.3023	0.475
98164	116.7987	33.9513	−0.5881	2.7939	0.383
98165	116.8198	33.9012	−0.8505	2.5443	0.86
98166	116.7914	33.96	−0.6912	2.7482	0.4126
98167	117.3708	32.9514	−0.7565	2.3472	0.4495
98173	117.4098	32.9332	−0.8425	2.2557	0.4758
98240	115.8654	32.872	−0.9154	2.4351	0.675
98241	115.8341	32.8846	−0.7904	3.2925	0.6534
99256	118.7721	32.0685	−0.7704	2.8127	0.4232
99257	118.9207	32.0926	−0.7828	2.9962	0.5725
99258	118.8089	32.0749	−0.7485	2.9439	0.5502
99259	118.7885	32.0192	−0.7675	2.9295	0.5659
99341	118.2969	33.952	−0.7848	2.4654	0.594
99342	118.3029	33.9358	−0.7686	2.5646	0.5597
99343	118.3016	33.9555	−0.764	2.642	0.5448
99344	118.3379	33.9575	−0.7531	2.5831	0.59
99365	119.8876	32.3248	−0.8322	2.5298	0.5312
99366	119.9185	32.4928	−0.7841	2.6623	0.4634
99367	119.9207	32.4672	−0.8709	2.7624	0.54
99368	119.8887	32.4552	−0.8352	2.6756	0.5728
99394	114.3796	30.5756	−0.8219	1.6654	0.6066
99464	119.4257	32.4724	−0.9198	3.0034	0.5863
99465	119.3938	32.4516	−0.9146	2.9794	0.5773
99490	119.4506	32.1318	−0.8899	2.6493	0.6703
99491	119.4521	32.2001	−0.7	3.4796	0.6888
99492	119.6762	32.1846	−0.7478	2.6619	0.5077
99493	119.5871	31.9595	−0.7901	2.7118	0.5441

(4)MODIS/AOD 高度订正

AOD 是气溶胶的消光系数在垂直方向上的积分,是描述气溶胶对光的衰减作用的,是一个柱含量。假定平面平行大气条件下,AOD 就是整层消光系数,随高度垂直递减,为了把 AOD 与地面 $PM_{2.5}$ 浓度进行联系,AOD 与地面气溶胶消光系数的关系需要被阐明。常用的是一个单层模型,假定气溶胶消光系数随高度呈 e 指数递减;也有双层模型,假定在边界层内气溶胶混合均匀,从边界层顶开始气溶胶消光系数随高度呈 e 指数递减,模型见图8.7。

采用单层假设模型,假设气溶胶消光系数的垂直分布是一个负指数的形式,AOD 能被下面的方程得到:

$$\text{AOD} = \int_0^\infty \sigma_{a,0} \cdot e^{-z/H} \cdot dz = \sigma_{a,0} \cdot H \tag{8.7}$$

式中:z 表示垂直高度;$\sigma_{a,0}$ 是近地面气溶胶消光系数(0.55 μm);H 表示气溶胶标高,表示气

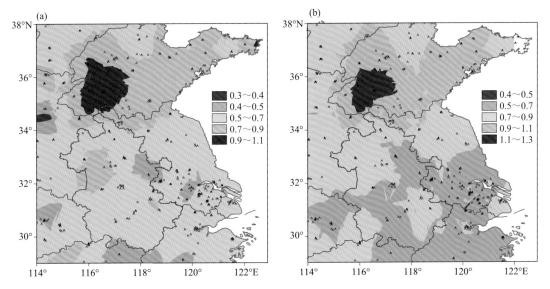

图 8.6　Hanel 增长系数空间分布
（a）$PM_{2.5}$；（b）PM_{10}

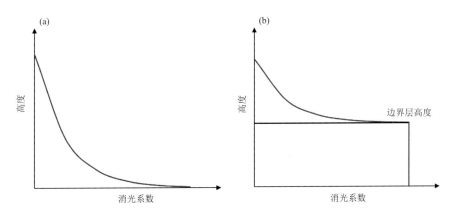

图 8.7　AOD 随高度分布模型图
（a）单层模型；（b）双层模型

溶胶消光系数减少到地面值的 $\frac{1}{e}$，相当于大气中的光学活性气溶胶层（Optically Active Aerosol Layer）的深度，可以近似为边界层高度。大气气溶胶标高的物理含义为整层大气柱中颗粒物按地面浓度在垂直方向均匀分布所能达到的高度，即假定气溶胶浓度随高度保持不变时的气溶胶层等效厚度。

　　某个气象台站气溶胶标高 H_i 能被以台站为中心 10 km 为半径的平均 MODIS/AOD_i 与能见度 Vis 联合估算。在站点的地表消光系数 $\sigma_{a,0}$ 与能见度的关系可以用经验公式来计算：

$$\text{Vis} = \frac{1}{\sigma_{a,0}} \ln \frac{1}{\varepsilon} \tag{8.8}$$

式中：ε 是对比度阈值，取为 0.02，这个值是以人眼最敏感的波长 0.55 μm 和视觉为依据的，则 $L = \frac{\ln 50}{\sigma_{a,0}}$。所以，当人眼视觉感知的阈值对比为 0.02 时：

$$\sigma_{a,0} = \frac{3.912}{\text{Vis}} \tag{8.9}$$

$$H = \frac{\text{AOD}}{\sigma_{a,0}} = \frac{\text{AOD} \cdot \text{Vis}}{3.912} \tag{8.10}$$

假定气溶胶标高在区域内是变化平滑,就可以通过站点 H_i 插值得到气溶胶标高 H 的空间分布图。同时,也可以得到地面消光系数的空间分布。

根据 2015 年 2 月—2016 年 12 月的逐日 MODIS/AOD 与地面气象站点能见度资料可以得到月均气溶胶标高的月变化,如图 8.8、表 8.3。

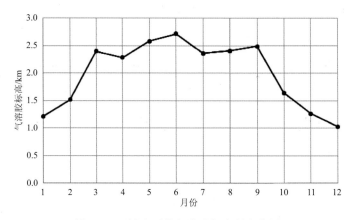

图 8.8　区域内平均气溶胶标高月变化图

表 8.3　各月气溶胶标高分布表　　　　　　　　　　　　　　　　　单位:km

月份	最小值	最大值	平均值	标准差
1	0.4493	4.3445	1.2149	0.3282
2	0.7215	3.7098	1.5166	0.3182
3	1.3099	5.3198	2.4000	0.4665
4	1.3321	4.3145	2.2849	0.5623
5	1.2660	4.4047	2.5811	0.6057
6	1.4027	4.9093	2.7166	0.8046
7	0.9615	4.5278	2.3575	0.5809
8	1.3936	5.0973	2.4062	0.4339
9	1.2155	4.6627	2.4863	0.4560
10	0.6997	3.5869	1.6395	0.4763
11	0.8671	2.4580	1.2661	0.3043
12	0.5883	3.4667	1.0257	0.2740

从图 8.8 中可以得出,3—9 月气溶胶标高都在 2 km 以上,基本在 2.5 km 左右,1 月、2 月、10 月、11 月、12 月的气溶胶标高基本在 1.5 km 以下,其中 12 月的气溶胶标高最小为 1.0257 km。

(5)基于颗粒物浓度变分订正

①线性回归

根据相关理论可以得到:

$$\sigma_{\text{dry}} = \frac{3\langle Q_{\text{ext}} \rangle}{4\langle r \rangle \rho} \cdot \text{PM}_x \cdot f(\text{RH}) \tag{8.11}$$

式中：σ_{dry} 为气溶胶光学厚度经过高度订正后得到的近地面气溶胶消光系数。

在小区域和短时间范围内可近似认为各影响因素相对稳定，气溶胶的化学组成和谱分布一定，消光效率 Q_{ext}、有效半径 r 和颗粒物的平均密度 ρ 可看作常数，从而气溶胶光学厚度与颗粒物浓度存在正相关关系，可通过大量的观测样本数据拟合气溶胶光学厚度与颗粒物浓度之间的线性模型，如公式所示：

$$PM_x = A \times \sigma_{dry} + B \tag{8.12}$$

颗粒物浓度经过湿度订正、气溶胶光学厚度经过高度订正后，依据以上理论，进行一元线性回归，A 为二者回归系数，B 为误差项，把卫星反演的气溶胶光学厚度转换为颗粒物浓度，为变分订正做好准备。

②变分订正

由于气溶胶浓度与近地面消光系数并非简单的线性关系，还受到粒子平均质量密度、颗粒物有效半径、颗粒物平均消光效率等因子的影响，由此继续采用变分方法（徐祥德 等，2003），利用地面站点实测的颗粒物浓度订正上述线性回归得到的颗粒物浓度场。根据变分原理，依赖于多个自变量的泛函：

$$J[u(x,y)] = \iint_G F(x,y,u,u_x,u_y)\mathrm{d}x\mathrm{d}y \tag{8.13}$$

其中 $u(x,y)$ 必须满足下列 Euler 方程（欧拉方程）：

$$Fu - \left(\frac{\partial}{\partial x}Fu_x + \frac{\partial}{\partial y}Fu_y\right) = 0 \tag{8.14}$$

设由 AOD 经过线性回归后得到的 $PM_{2.5}$ 浓度的要素场为 $\widetilde{Sa}(x,y)$，与之相对应的有限点的实测 $PM_{2.5}$ 浓度要素场为 $Su(x,y)$，在实测 $PM_{2.5}$ 浓度点坐标 (x,y) 上，上述两者的差值场，即误差场为 $\widetilde{CR}(x,y)$：

$$\widetilde{CR}(x,y) = Su(x,y) - \widetilde{Sa}(x,y) \tag{8.15}$$

实际上，由于 $PM_{2.5}$ 浓度观测站坐标 (x,y) 点数有限，因此，需要构造出全场更广义的订正因子场函数 $CR(x,y)$，采用变分方法，寻求 $CR(x,y)$ 函数，需满足如下条件：

$$J^* = \iint_D (CR - \widetilde{CR})^2 \mathrm{d}x\mathrm{d}y \to \min \tag{8.16}$$

即 $\sum_i \sum_j (CR - \widetilde{CR})^2$ 达到极小值。

对于上述变分问题，可假设为构造泛函 J^*：

$$J^* = \iint \left\{ (CR - \widetilde{CR})^2 + \lambda \left[\left(\frac{\partial CR}{\partial x}\right)^2 + \left(\frac{\partial CR}{\partial y}\right)^2 \right] \right\} \mathrm{d}x\mathrm{d}y \tag{8.17}$$

式中：λ 为约束系数。上式可改写为：

$$\delta J^* = \delta \sum \sum \left\{ (CR - \widetilde{CR})^2 + \lambda \left[\left(\frac{\partial CR}{\partial x}\right)^2 + \left(\frac{\partial CR}{\partial y}\right)^2 \right] \right\} = 0 \tag{8.18}$$

对应的 Euler 方程为：

$$(CR - \widetilde{CR}) - \widetilde{\lambda} \left(\frac{\partial^2 CR}{\partial x^2} + \frac{\partial^2 CR}{\partial y^2}\right) = 0 \tag{8.19}$$

式中：$\widetilde{\lambda}$ 为约束系数。用迭代法求解上述方程的数值解，得到新的变分订正因子场 $CR(x,y)$，于是得到变分订正后的 $PM_{2.5}$ 颗粒物浓度场为：

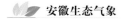

$$Sa(x,y) = \widetilde{Sa}(x,y) + CR(x,y) \tag{8.20}$$

在变分前,首先对经过高度订正的 MODIS/AOD、湿度订正的 PM_x 颗粒物浓度进行线性回归,得到回归方程。并根据回归方程,把 MODIS/AOD 产品转化为 PM_x 颗粒物浓度场,再根据站点实测颗粒物浓度对 PM_x 颗粒物浓度场进行变分订正。

对 2015—2016 年逐日 MODIS/AOD 产品结合地面环境观测站、气象观测站数据,实现高度订正、湿度订正、变分订正,在此基础上反演地面颗粒物 $PM_{2.5}$、PM_{10} 的浓度空间分布。对于区域内有效 AOD 数据很少的日期则不进行分析。变分订正前后得到的颗粒物浓度与相应的环境观测站观测的颗粒物浓度的各月相关系数与方程见表 8.4。变分订正前方程为 AOD 与实测颗粒物浓度的转化方程,相关系数为站点实测值与线性回归值的相关系数。变分订正后方程为变分后颗粒物浓度值与实测值的回归方程与相关系数。可以看出,无论是 $PM_{2.5}$ 还是 PM_{10} 通过对 AOD 高度订正、对实测浓度的湿度订正后进行线性回归得到的结果相比在此基础上再进行变分订正得到的结果,变分订正得到的结果与实测浓度值的相关性均有提高,对于细颗粒物来说,相关系数基本都大于 0.75,平均为 0.82;对于可吸入颗粒物来说,相关系数基本都大于 0.72,平均为 0.81。从 AOD 推算 $PM_{2.5}$ 细颗粒物浓度和 PM_{10} 颗粒物浓度经过线性回归和变分订正后与实测颗粒物浓度的散点图(图 8.9、图 8.10)可以看出,变分订正前后卫星反演颗粒物浓度与地面实测值的相关性均有所提升。

表 8.4 变分订正前后得到的颗粒物浓度与相应的环境观测站观测的颗粒物浓度的各月平均相关系数

月份	$PM_{2.5}$				PM_{10}			
	变分订正前		变分订正后		变分订正前		变分订正后	
1	$y=161.6x+16.942$	0.8222	$y=0.973x+1.683$	0.8612	$y=215.11x+54.491$	0.7964	$y=0.931x+9.5599$	0.8309
2	$y=161.1x+19.796$	0.6937	$y=1.012x-0.626$	0.8206	$y=217.28x+49.802$	0.6623	$y=1.0056x-0.9309$	0.8246
3	$y=133.13x+23.378$	0.7271	$y=1.032x-1.932$	0.8440	$y=211.64x+52.056$	0.7599	$y=1.0284x-3.5838$	0.8101
4	$y=118.16x+24.774$	0.6976	$y=1.098x-5.653$	0.8343	$y=191.44x+73.498$	0.6192	$y=1.0971x-12.673$	0.8142
5	$y=111.6x+22.872$	0.5974	$y=1.016x-0.909$	0.7764	$y=166.27x+64.623$	0.5281	$y=1.0544x-6.9953$	0.7914
6	$y=88.891x+24.623$	0.5324	$y=1.037x-1.958$	0.7664	$y=157.9x+52.974$	0.5744	$y=1.0426x-5.0485$	0.7632
7	$y=121.99x+18.072$	0.6581	$y=0.881x-7.794$	0.6946	$y=216.68x+40.626$	0.6515	$y=1.0003x+2.1055$	0.7319
8	$y=127.21x+11.054$	0.5924	$y=1.038x-1.190$	0.7483	$y=245.73x+28.197$	0.5914	$y=1.0361x-2.6807$	0.7279
9	$y=125.98x+16.604$	0.6349	$y=1.053x-2.713$	0.7959	$y=237.43x+37.681$	0.6028	$y=1.0579x-5.7477$	0.7940
10	$y=147.75x+14.433$	0.7117	$y=1.041x-1.556$	0.8501	$y=223.19x+49.321$	0.6920	$y=1.0379x-2.8678$	0.8323
11	$y=105.25x+36.456$	0.6115	$y=0.974x-1.932$	0.8021	$y=169.38x+62.958$	0.6194	$y=1.0184x-3.1218$	0.8062
12	$y=164.1x+12.912$	0.7621	$y=0.972x-1.401$	0.8281	$y=233.6x+48.244$	0.7436	$y=1.0062x-3.561$	0.8101
平均	$y=136.25x+15.434$	0.7333	$y=1.01x-0.048$	0.8214	$y=212.55x+47.251$	0.6775	$y=1.0274x+2.7946$	0.8099

注:样本点数达到 $N>30000$。

(6)省域颗粒物年均质量浓度变化分析

基于上述方法,分析了 2015—2020 年安徽省遥感反演颗粒物年均质量浓度年际变化,结果呈现逐年递减的趋势(图 8.11)。$PM_{2.5}$ 质量浓度从 70.2 $\mu g \cdot m^{-3}$ 降到 40.9 $\mu g \cdot m^{-3}$,PM_{10} 质量浓度从 126.2 $\mu g \cdot m^{-3}$ 降到 82.6 $\mu g \cdot m^{-3}$,下降趋势明显。从 2020 年 $PM_{2.5}$ 的空间分布上看大别山区和皖南山区值较小,沿淮的中西部、沿江西部、亳州市和宿州市的北部值较高,同时 2020 年 PM_{10} 的空间分布和 $PM_{2.5}$ 的空间分布具有相似的分布特点(图 8.12、图 8.13)。

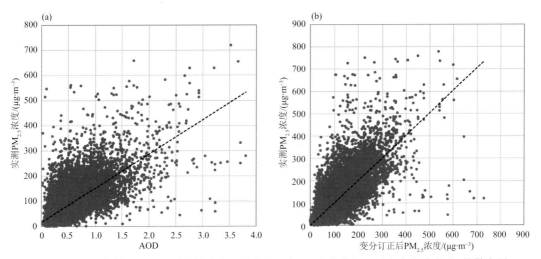

图 8.9　AOD 推算 PM$_{2.5}$细颗粒物浓度经过线性回归（a）和变分订正后与实测浓度（b）的散点图

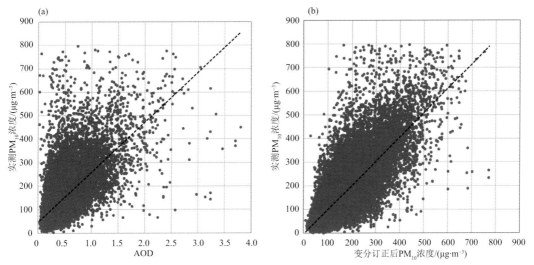

图 8.10　AOD 推算 PM$_{10}$细颗粒物浓度经过线性回归（a）和变分订正后与实测浓度（b）的散点图

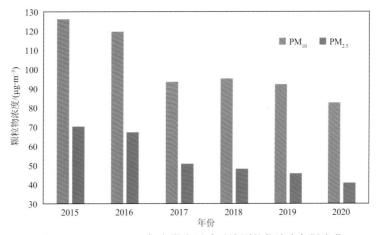

图 8.11　2015—2020 年安徽省遥感反演颗粒物浓度年际变化

113

（7）业务流程的建立

首先采用交互式数据语言（Interactive Data Language，IDL）对 MODIS/AOD 的 L2 级的产品进行处理，该产品是 5 min 的分幅产品，实现对区域内的 AOD 产品数据自动投影转换、拼接、裁减，得到研究区的 AOD 数据；最后调用 CIMISS 接口，得到研究区的逐小时气象数据（能见度、相对湿度等）；通过下发的逐小时环境观测数据文件，得到 PM$_{2.5}$、PM$_{10}$ 的逐小时浓度数据，最后经过一系列的空间与时间匹配，实现颗粒物质量浓度数据的湿度订正，通过 AOD 与站点的能见度数据实时计算得到气象站点气溶胶尺度高度，并调用澳大利亚国立大学基于样

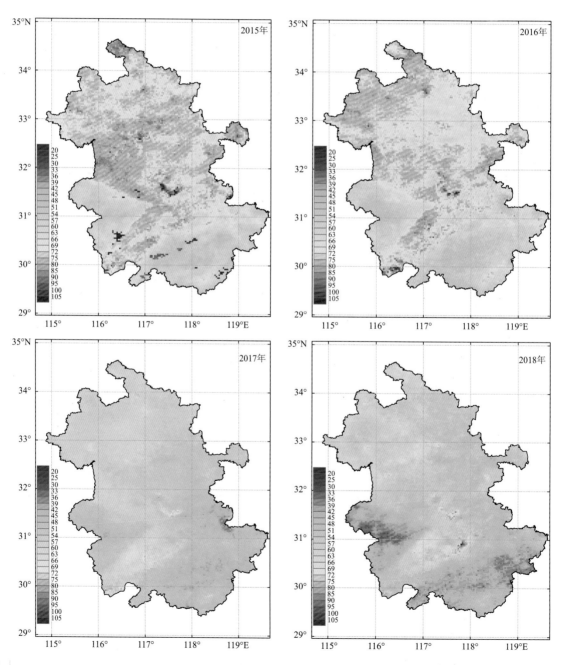

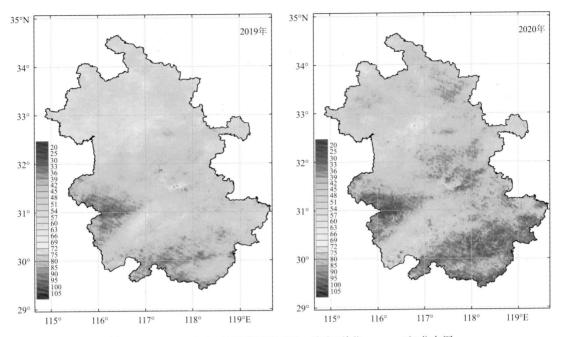

图 8.12　2015—2020 年遥感反演 PM$_{2.5}$浓度(单位:μg・m^{-3})分布图

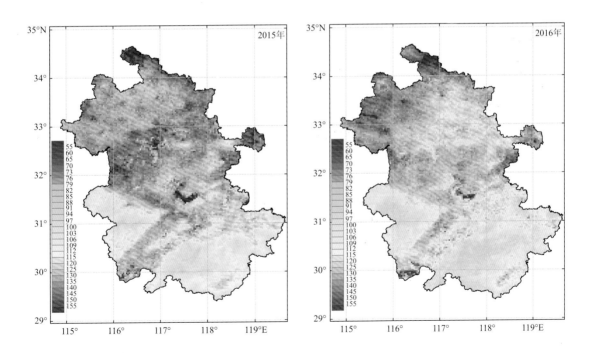

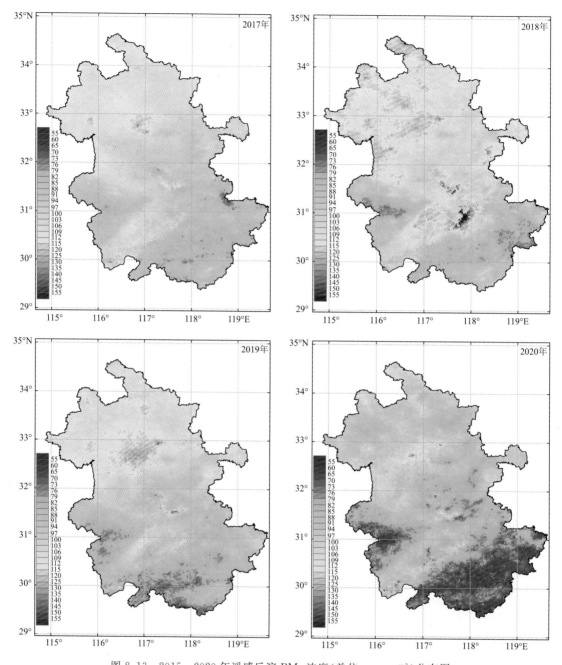

图 8.13　2015—2020 年遥感反演 PM_{10} 浓度(单位:$\mu g \cdot m^{-3}$)分布图

条函数的插值软件(Australian National University SPLIN,ANUSPLIN)实现站点尺度高度的空间化得到与 AOD 产品空间分辨率一致的尺度高度空间分布数据,并实现高度订正;在此基础上进行动态线性回归,对回归的结果再根据城市空气质量监测站的质量浓度数据进行变分订正,最后得到颗粒物的质量浓度场(图 8.14)。

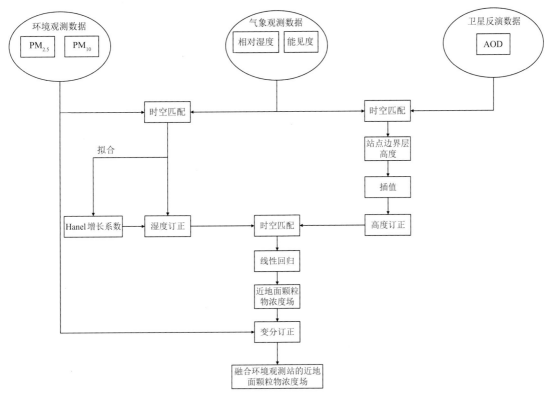

图 8.14　遥感反演颗粒物浓度流程图

8.3　反应性气体变化特征分析

利用哨兵-5P(Sentinel-5P)卫星的 L2 级反应性气体产品开展安徽省 NO_2 和 O_3 柱总量产品的变化特征分析。Sentinel-5P 是欧空局(Europe Space Agency,ESA)于 2017 年 10 月 13 日发射的一颗全球大气污染监测卫星。卫星搭载了对流层观测仪(Tropospheric Monitoring Instrument, TROPOMI),可以有效地观测全球各地大气中痕量气体组分,包括 NO_2、O_3、SO_2、HCHO、CH_4 和 CO 等重要的与人类活动密切相关的指标。利用 Sentinel-5P/TROPOMI 的 2 级离线(OFFL)产品,分别计算对流层 NO_2(tropospheric_NO_2_column_number_density)、大气层 O_3(O_3_total_verti-cal_column)的 2019—2022 年年平均分布图。其中数据质量(qa_value>0.5)、云量(cloud_fraction_crb < 0.3)、太阳天顶角(solar_zenith_angle < 60°)参与统计年平均值。

(1)2022 年 NO_2 柱总量浓度较 2021 年显著升高

2019 年以来,NO_2 柱总量浓度呈现先降低后升高的变化态势,其中 2020 年 NO_2 柱总量浓度为近 4 a(2019—2022 年)的最低,随后 NO_2 柱总量浓度逐步升高,2022 年达到近 4 a(2019—2022 年)最高水平,其年平均值较 2020 年升高约 40%(图 8.15)。从空间分布看,NO_2 柱总量浓度的高值区主要分布在沿江城市带、合肥、蚌埠、淮南、淮北等城市周边,最大值位于与南京接壤的马鞍山地区,其次为合肥和芜湖地区,低值区主要位于皖南山区和大别山区,而长江以北广大农村地区的 NO_2 柱总量浓度则介于城市地区和山区之间(图 8.16)。

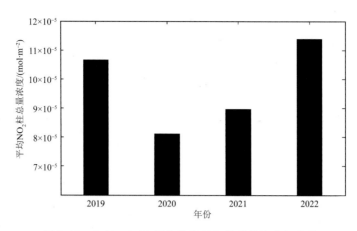

图 8.15　2019—2022 年安徽省 NO_2 柱总量浓度年变化

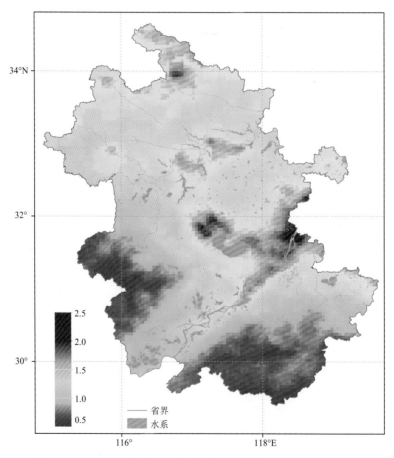

图 8.16　2022 年安徽省 NO_2 柱总量浓度(单位:$mol \cdot m^{-2}$)分布图

(2)2022 年 O_3 柱总量浓度持续升高

2019 年以来,O_3 柱总量浓度呈稳定升高趋势,其中 2022 年 O_3 柱总量浓度较 2019 年升高约 5.6%(图 8.17)。从空间分布看,O_3 柱总量浓度呈现自北向南、自东向西递减的空间形态,其中南北变化差异显著高于东西变化差异,城市和郊区的差异不显著,皖南山区和大别山区略低于周边地区(图 8.18)。O₃柱总量浓度与近地面 O₃浓度的空间分布特征差异显著,主要是由于平流层 O₃浓度对 O₃柱总量浓度贡献更大,O₃柱总量浓度的空间分布特征更多地反映了平流层 O₃浓度的变化。尽管平流层 O₃与近地面 O₃差异显著,但二者之间仍存在密切联系,故 O₃柱总量浓度的变化对近地面 O₃浓度的长期变化具有重要的指示作用。

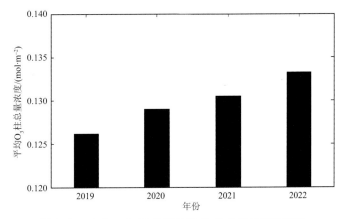

图 8.17　2019—2022 年安徽省 O₃柱总量浓度年变化

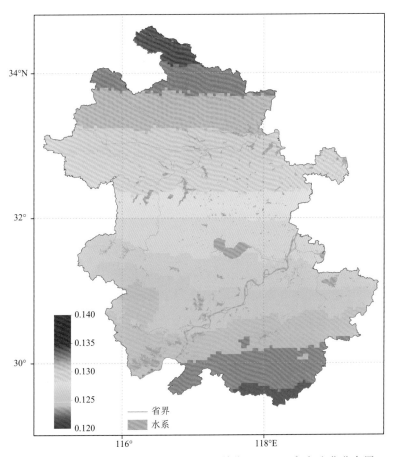

图 8.18　2022 年安徽省 O₃柱总量浓度(单位:mol·m⁻²)年变化分布图

8.4 温室气体浓度

(1)安徽省二氧化碳浓度卫星遥感监测分析

AIRS(Atmospheric Infrared Sounder)是搭载于 Aqua 卫星的大气红外探测仪,可进行 CO_2 柱总量监测,并于 2017 年 2 月停止工作。轨道碳观测卫星-2(OCO-2)是美国 2014 年发射的用于监测温室气体的卫星,可同时进行柱总量和廓线监测。

为评估安徽省二氧化碳浓度的时空变化特征,利用 AIRS(2010 年 1 月—2016 年 12 月)监测的二氧化碳(CO_2)产品和 OCO-2(2014 年 9 月—2020 年 7 月)监测的 CO_2 产品对安徽省 CO_2 分布情况进行特征分析。

(2)安徽地区 CO_2 年均柱总量结果对比分析

为保障 CO_2 长时间序列分析的可靠性,对 AIRS 和 OCO-2 在安徽地区的年均柱总量结果进行了对比(表 8.5),从表中可以看出,二者年均柱总量产品误差小于 0.5 ppm[①],具有较高时间一致性。

表 8.5 安徽省年平均 CO_2 柱总量 ppm

年份	卫星	
	AIRS	OCO-2
2010	390.6	—
2011	392.3	—
2012	394.4	—
2013	396.5	—
2014	398.7	—
2015	400.7	400.9
2016	403.4	403.7
2017	—	406.6
2018	—	409.1
2019	—	411.2
平均年增长率	2.1	2.6

(3)空间变化特征分析

安徽省 CO_2 柱总量的空间分布(图 8.19)总体呈北高南低形态,其中淮河以北地区年均 CO_2 柱总量达到 395 ppm,较江南地区高约 1 ppm。CO_2 柱总量在春季达到最大,冬季和夏季次之,秋季达到最小(图 8.20),这主要是由于冬半年植物光合作用较弱,CO_2 的富集效果在春季达到最强,最大值出现在每年的 3—4 月,而下半年植物光合作用增强,到秋季时植物对 CO_2 的消耗达到最大,最小值出现在每年的 9 月。此外,安徽省 CO_2 北高南低的分布形态在春季体现得更为明显,南北差异可以达到 2 ppm 以上。

---

① 1 ppm=10^{-6},下同。

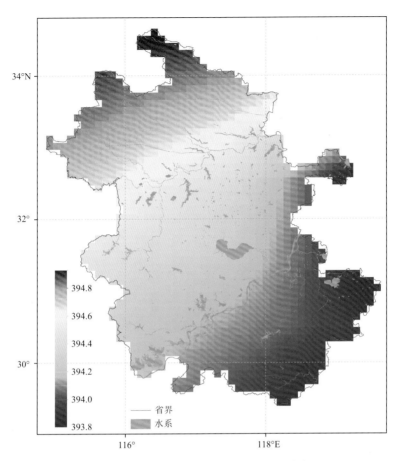

图 8.19 安徽省 CO_2 柱总量(ppm)空间分布

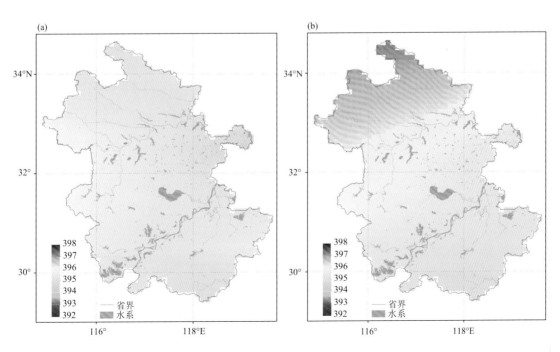

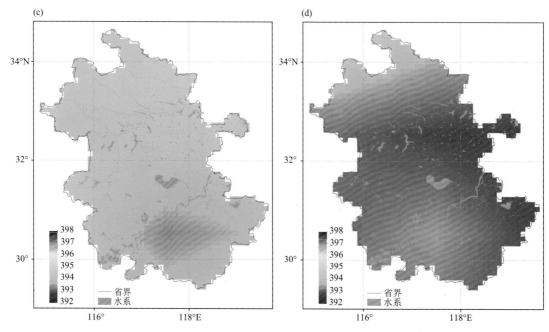

图 8.20 安徽省 CO_2 柱总量(ppm)季节变化
(a)冬季;(b)春季;(c)夏季;(d)秋季

(4)时间变化特征分析

图 8.21 给出了 2010 年以来安徽省月平均 CO_2 柱总量的时间变化趋势。从图中可以看出,CO_2 柱总量具有显著的年内季节振荡特征,最大值出现在每年的 3—4 月,最小值出现在每年的 9 月左右。此外,在季节振荡变化的基础上 CO_2 柱总量呈稳步上升态势,2010—2016 的年平均增长率约 2.1 ppm,2015 年以来,CO_2 浓度升高加速,年平均增长率增大到 2.6 ppm。

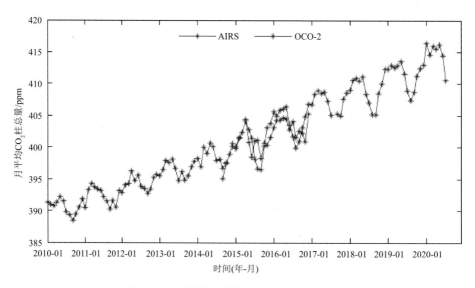

图 8.21 安徽省月平均 CO_2 柱总量时间变化

（5）廓线变化特征分析

为进一步分析不同下垫面对大气中 CO_2 浓度的贡献,图 8.22 分别给出了森林下垫面和城市下垫面 CO_2 廓线的探测结果。结果表明,森林下垫面区域的对流层 CO_2 显著低于城市下垫面,对 CO_2 存在明显的吸收作用。

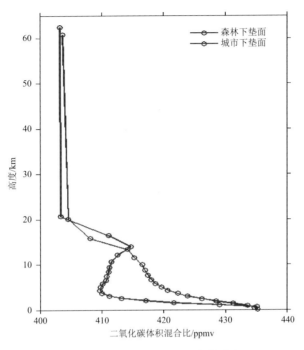

图 8.22　不同下垫面 CO_2 廓线对比

8.5　本章小结

利用卫星遥感等技术手段,对能反映大气环境的相关参数开展监测,其主要产品有大气气溶胶、反应性气体、温室气体等,并分析产品的时空分布特征。

（1）2000—2011 年安徽省年平均气溶胶光学厚度（AOD）呈现逐年增加的趋势,从 2011 年开始呈现逐年降低的趋势,特别是从 2014 年来逐年降低明显,2021 年达到最低值 0.419;空间分布上,安徽省大别山区和皖南山区 AOD 较低,平原和丘陵地区相对较高。基于气溶胶光学厚度反演的颗粒物浓度,2015—2020 年安徽省遥感反演颗粒物年均质量浓度年际变化呈现逐年递减的趋势,空间分布上也是山区低于平原和丘陵地区。

（2）2019 年以来,安徽省年 NO_2 柱总量浓度呈现先降低后升高的变化态势;山区低于平原、丘陵地区。2019 年以来,O_3 柱总量浓度呈稳定升高趋势;O_3 柱总量浓度呈现自北向南、自东向西递减的空间形态。

（3）安徽省 CO_2 柱总量的空间分布总体呈北高南低形态,CO_2 柱总量在春季达到最大,冬季和夏季次之,秋季达到最小。CO_2 柱总量具有显著的年内季节振荡特征,最大值出现在每年 3—4 月份,最小值出现在每年 9 月份左右,在季节振荡变化的基础上 CO_2 柱总量呈稳步上升态。

第 9 章
绿色发展与生态文明建设

9.1　生态红线监测

2011 年 10 月 20 日,国务院印发的《国务院关于加强环境保护重点工作的意见》(国发〔2011〕35 号),强调"在重要生态功能区、陆地和海洋生态环境敏感区、脆弱区等区域划定生态红线"。2017 年 2 月 7 日,中共中央办公厅、国务院办公厅印发《关于划定并严守生态保护红线的若干意见》(厅字〔2017〕2 号),强调"以改善生态环境质量为核心,以保障和维护生态功能为主线,按照山水林田湖系统保护的要求,划定并严守生态保护红线,实现一条红线管控重要生态空间"。将生态保护红线作为编制空间规划的基础,明确管理责任,强化用途管制,加强生态保护和修复,加强监测监管,确保生态功能不弱化、面积不减少、性质不改变。

安徽省生态保护红线总面积为 21233.32 km²,约占全省总面积的 15.15%,包含 3 大类 16 个片区,主要分布在皖西山地和皖南山地丘陵区等水源涵养、水土保持及生物多样性维护重要区域,长江干流及沿江湿地、淮河干流及沿淮湿地等生物多样性维护重要区域。

为保护范围内不受人类活动干扰,针对政府生态保护红线区监管需求,利用高分辨率光学卫星遥感数据对巢湖岸线边(图 9.1)、肥东县生态红线内土地类型属性进行变化监测,针对肥东县裸露土壤和生态红线内人类活动痕迹卫星监测结果显示,部分的耕地变成建设用地和裸地,林地变为裸地(图 9.2)。

9.2　绿色发展气象监测的考核指标和方法

近几十年来,随着社会经济的高速发展和生态资源的过度开发利用,全球的生态环境不断遭受严重的破坏,尤其是近年来城市经济结构、产业调整、区域招商引资的力度加大,大量的高耗能、重污染企业从大城市向周边小城镇转移。为此,党的十九大作出了加快生态文明体制改革、建设美丽中国的战略部署。习近平总书记指出:要完善经济社会发展考核评价体系,使之成为推进生态文明建设的重要导向和约束。安徽省气象科学研究所立足职能定位,积极谋划、主动融入,构建生态气象监测考核指标,切实发挥气象在生态文明建设监测评价与考核中的科技支撑作用,为政府建立绿色发展和生态文明建设制度体系贡献气象智慧,开辟了生态气象服务业务发展的新途径。

评价体系着重评价研究区域各子区域生态环境质量的相对好坏,各次评价结果具有纵横向可比性。因此,建立科学合理、可比性强、操作简单易行的生态环境质量评价体系和方法,对

序号	乡镇	2020年地类	2021年2月地类
8	长临河镇	裸土地	建设用地
序号	面积/m²		
8	2658		

☐ 土地利用类型变化图斑　　☐ 肥东县生态红线

图 9.1　长临河镇巢湖岸线边的识别

正确评价各区域生态环境质量及其变化状况具有重要意义。在建立考核指标时,遵循以下原则:①科学性,选择的评价因子力求能充分反映生态环境和空气质量的好坏,指标的选择具有科学的理论依据;②综合性,评价指标体系是一个有机的整体,应能全面反映被考核地区的生态环境和空气质量的好坏;③可操作性,选取的指标应当具有较强的可操作性,易于从常规观测数据中进行提取和统计分析;④相对稳定性与绝对动态性相结合,即可比性,选取的指标不因时间和空间改变而改变,且在时间和空间上具有一定的区分度。安徽省气象科学研究所总结生态监测经验,凝练环境遥感监测技术,充分利用卫星遥感资料和地面气象观测网资料,选取有代表性的生态气象因子,建立生态气象指标体系,与其他部门的多种因子共同对全省各地方政府的生态文明建设情况进行绩效考核,从气象和遥感角度动态、客观、公正地评价地方社会经济发展对生态环境状况的影响。

生态气象因子有很多,大气能见度、霾发生频率、温度、湿度、归一化植被指数(NDVI)、近地面气溶胶指数(SEC)、植被净初级生产力(NPP)等都从不同侧面一定程度上反映生态质量,经过多次内部测算和与外部门沟通,遵循科学性、可比性和可操作性原则,从空气清洁度、空气舒适度及空气清新度三个方面综合考虑。

9.2.1　空气清洁度

(1)空气清洁度(即大气环境指数(I_{AE})):选择霾发生频率来表征空气清洁度。霾是大量极细微的尘粒等均匀地浮游在空中,使水平能见度(人工观测方式)小于 10.0 km 的空气普遍混浊现象(中国气象局,2003)。霾作为气象部门长期观测记录的天气现象之一,对空气质量具

(a)

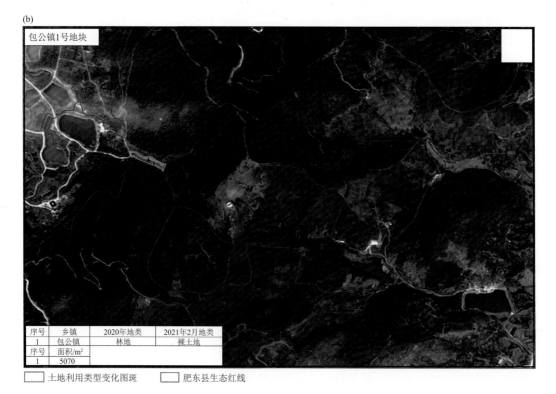

序号	乡镇	2020年地类	2021年2月地类
2	牌坊回族满族乡	耕地	建设用地
3	牌坊回族满族乡	耕地	裸土地
序号	面积/m²		
2	2385		
3	2494		

☐ 土地利用类型变化图斑　☐ 肥东县生态红线

(b)

包公镇1号地块

序号	乡镇	2020年地类	2021年2月地类
1	包公镇	林地	裸土地
序号	面积/m²		
1	5070		

☐ 土地利用类型变化图斑　☐ 肥东县生态红线

图 9.2　肥东县生态红线区土地利用变化

有指示意义,霾发生频率这个要素可以较好地反映大气的实时清洁程度。为便于定量计算,本体系采用气象行业标准对霾定义为:排除降水和雾的干扰,相对湿度小于90%,能见度小于10 km,记为霾。

大气环境指数:主要物理意义为以小时为时间尺度,某一个站在一个月内霾出现频率和各级霾出现频率,出现频率越低,其空气质量越好。为了使其单调性一致,即因子越大,区域生态环境越好,对霾出现频率归一化,公式如下:

$$NF_{h_i} = 1 - \frac{F_{h_i} - F_{h_{min}}}{F_{h_{max}} - F_{h_{min}}} \tag{9.1}$$

式中:NF_{h_i} 为第 i 个站某个月内归一化的霾小时数,范围为 0~1;F_{h_i} 为第 i 个站某个月内出现霾的小时数;$F_{h_{max}}$ 和 $F_{h_{min}}$ 是某个月内的 10 个站中霾小时数中的最大值和最小值。

类似地,对各等级霾出现的频率进行归一化。

针对某一个站 i 而言,大气环境指数定义为 NF_h(归一化的霾出现频率)、NF_1(归一化的轻微和轻度霾出现频率)、NF_2(归一化的中度霾出现频率)和 NF_3(归一化的重度霾出现频率)的加权平均,权重因子分别为 0.4、0.3、0.2 和 0.1。

$$I_{AE} = 0.4\,NF_h + 0.3\,NF_1 + 0.2\,NF_2 + 0.1\,NF_3 \tag{9.2}$$

I_{AE} 越大,霾污染越小,空气质量越好。

日平均能见度(08 时、14 时、20 时平均)小于 10 km,日平均相对湿度(08 时、14 时、20 时平均)小于 90%,并排除降水、吹雪、雪暴、扬沙、沙尘暴、浮尘、烟幕等其他能导致低能见度事件的情况为一个霾日。

霾的判断标准为中国气象局的最新颁布行业标准(非视程障碍下,相对湿度小于90%,能见度小于等于 10 km)。主要统计一个月内的霾出现频率、轻微和轻度霾、中度霾、重度霾的出现频率,分别记为 F_h、F_1、F_2、F_3。这里要说明的是,为了体现高时间分辨率的自动站的观测优势,这里的霾及各级霾出现频率为霾及各级霾的月累计时数占非障碍视程下的有效能见度月总观测时数的百分比。霾的分级标准参考行业标准《霾的观测和预报等级》(QX/T 113—2010,全国气象防灾减灾标准化技术委员会,2010),具体见表 9.1。

表 9.1　霾的分级

等级	能见度(Vis)/km	服务描述
轻微	$5.0 \leqslant Vis < 10.0$	轻微霾天气,无需特别防护
轻度	$3.0 \leqslant Vis < 5.0$	轻度霾天气,适当减少户外活动
中度	$2.0 \leqslant Vis < 3.0$	中度霾天气,减少户外活动,停止晨练;驾驶人员小心驾驶;因空气质量明显降低,人员需适当防护;呼吸道疾病患者尽量减少外出,外出时可戴上口罩
重度	$Vis < 2.0$	重度霾天气,尽量留在室内,避免户外活动;机场、高速公路、轮渡码头等单位加强交通管理,保障安全;驾驶人员谨慎驾驶;空气质量差,人员需适当防护;呼吸道疾病患者尽量是免外出,外出时可戴上口罩

需要说明的是,由于自动观测能见度(V_a)和人工观测能见度(V_m)存在观测方式的差异,因此,需要转换,转化公式见式(9.3)。本节中的所有能见度都经过式(9.3)进行了转换,即器测能见度转换到目测能见度。

$$V_a \approx 0.766\,V_m \tag{9.3}$$

（2）2021年案例：2021年大气环境总体尚好。从空气清洁度看，2021年安徽省年平均空气清洁度为0.77，比2020年减少0.03，全年整体呈现南高北低的分布形势（图9.3），池州市石台县平均空气清洁度最高。此外，南部相对较低有铜陵市，北部较低有蚌埠市的怀远县、宿州市的砀山县和宿州市、亳州市蒙城县和涡阳县。

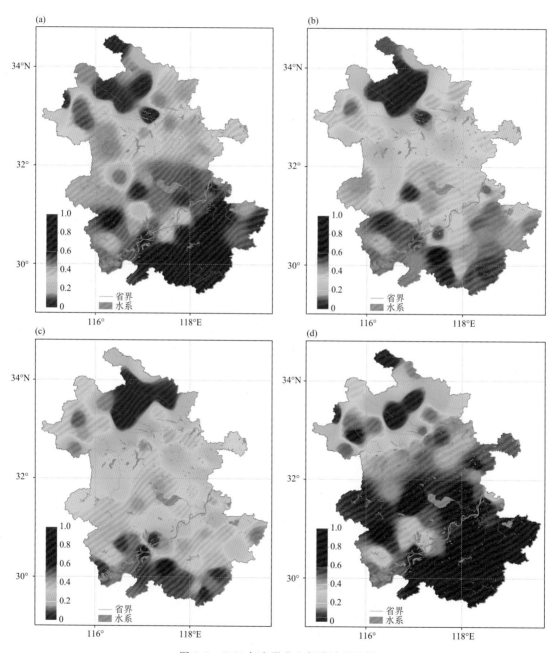

图 9.3　2021年安徽省空气清洁度监测
（a）第一季度；（b）第二季度；（c）第三季度；（d）第四季度

9.2.2　空气清新度

（1）空气清新度（即植被指数）：也称大气可持续净化能力。选择植被指数来表征大气可持续净化能力。植被覆盖是生态系统功能的基础，植被覆盖度变化也是反映经济发展等人类活动的重要指标之一，主要是因为植被覆盖变化通过改变地表反照率、粗糙度和土壤湿度等地表属性，直接或间接影响辐射平衡、水分平衡等过程，最终导致区域温度、降水和空气相对湿度的变化；同时也反映了植被对大气中负氧离子、氧及水汽的产生能力，以及区域内植被固碳能力和对空气中浮尘的吸附能力。因此，植被覆盖率可以反映一个区域的空气净化能力和清新程度。

归一化植被指数（NDVI）：为某一个站所在区域内的月平均归一化植被指数（NDVI），该指数也是区域生态环境的重要体现，能反映植物生长状况的指数，同时也是城市化水平、地表覆盖、土地利用变化的重要表征，其变化与气象因子密切相关，例如空气相对湿度和温度也受到局地陆面植被覆盖变化的影响。它的值的范围为［－1,1］，负值表示地面覆盖为云、水、雪等，零值表示有岩石或裸地等，正值表示有植被覆盖，且随覆盖度增大而增大。NDVI 越大，建成区面积越小、人类活动影响小、生态环境好。

（2）2021 年案例：从空气清新度看，2021 年平均空气清新度 0.54，比 2020 年低 0.02。2021 年空间分布上除第一季度淮北平原偏高，其他 3 个季度空气清新度大小程度依次为皖南山区、大别山区、淮北平原、江淮之间；平均空气清新度大小程度依次为第三季度、第二季度、第四季度、第一季度（图 9.4）。此外，黄山市的祁门县全年平均空气清新度最高，合肥市市辖区最低；江淮之间的合肥市、滁州市，沿淮、沿江直辖市以及周边地区相对偏低。

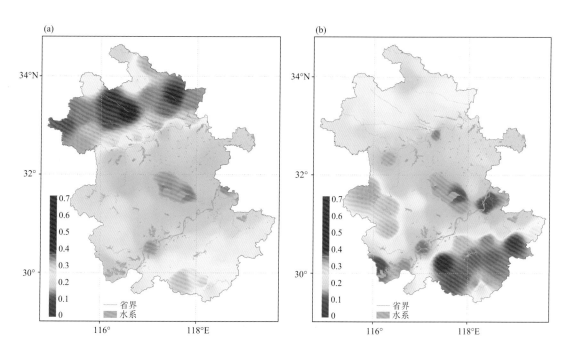

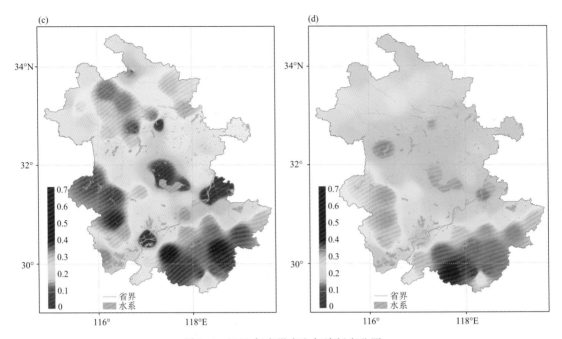

图 9.4　2021 年安徽省空气清新度监测

（a）第一季度；（b）第二季度；（c）第三季度；（d）第四季度

9.2.3　空气舒适度

（1）空气舒适度（即温湿适宜频率指数）：适宜的温度和湿度是生态环境良好的重要体现。此外，温度和湿度也是人体可以直接感受到的环境舒适程度，某一区域的温湿特征可以很好地反映该地区的舒适度。气温和湿度受到局地人类活动及陆面植被覆盖率的影响，其变化对人体感官舒适程度有显著影响。

温湿适宜频率指数（I_{FEt}）：温湿指数（E_t）的定义为人体对温湿环境反应的舒适程度，也是观测站所在区域周边温湿环境的重要体现，计算公式：

$$E_t = T_d - 0.55 \times (1 - R)(58 - T_d) \tag{9.4}$$

式中：T_d 为 14:00 的干球温度（℃）；R 为 14:00 的相对湿度；E_t 为 18.9～25.6 的环境，人体会感到舒适。因此，主要统计出一个月内 E_t 在 18.9～25.6 出现的次数占有效观测次数的百分比，即频率 I_{FEt} 定义为温湿适宜频率指数。

（2）2021 年案例：从空气舒适度看，2021 年安徽省平均空气舒适度 0.22。第一季度和第四季度空气舒适度普遍偏低，第二季度整体呈南高北低，第三季度北高南低的分布形势；空气舒适度大小程度依次为第三季度、第二季度、第四季度、第一季度（图 9.5）。安庆市岳西县全年平均空气舒适度最高，铜陵市枞阳县最低。

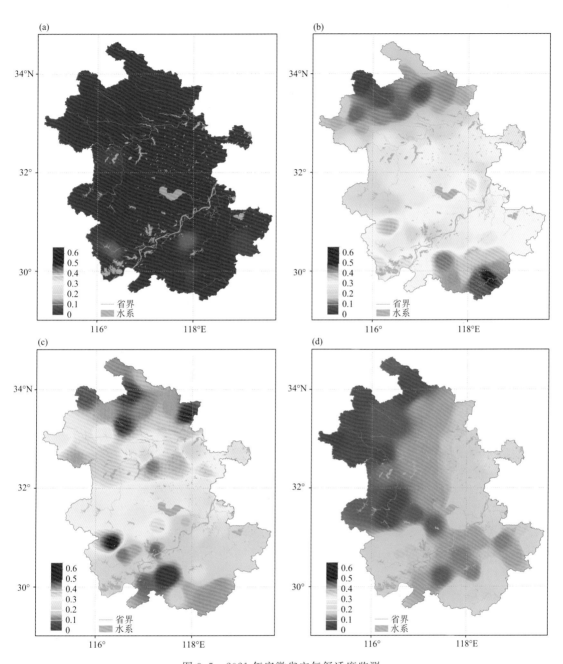

图 9.5 2021 年安徽省空气舒适度监测
(a)第一季度;(b)第二季度;(c)第三季度;(d)第四季度

9.3　生态文明建设绩效考核气象条件贡献率评价

9.3.1　气象贡献评估指标和方法

生态文明建设强调的是人与自然的和谐,自然是以植被为主体,也就是植被变化的综合评估。植被是植物生长着、繁殖着,为动物和人类提供食物与隐蔽所,并通过截留雨水与养分循环稳定土壤的植物群落。天气气候作为影响生态系统的最活跃、最直接的因子,对我国生态保护和修复有着重要影响。

分析不同类型生态系统地理分布变化与功能变化(如物候、长势、生产力等)与天气气候条件及其灾害过程的影响规律,研发相对于基准气候态的中国植被生态保护气象条件贡献率模型;建立中国植被生态保护绩效气象评价指标,将气象评价指标纳入当地政府植被生态保护绩效指标体系中。监测年度或任期内的地方及全国植被生态保护考核指标的变化状况,建立生态系统变化、大气环境的绩效指标气象评价的业务流程,实现地方政府关于生态系统变化和大气环境的环境责任评价。发展生态文明建设绩效考核评价方法、归因分析技术及其业务系统是气象保障服务生态文明建设的迫切需求。生态功能的评估指标是生态文明建设绩效考核气象条件贡献率和生态文明建设绩效考核人为活动贡献率。采用《植被生态质量的气候变化影响评价方法》(GB/T 42961—2023,全国农业气象标准化委员会,2023)提供的系统模型评价生态文件建设绩效考核气象条件贡献率,生态文件建设绩效考核气象条件贡献率评价利用实际的植被监测数据和栅格化后的气象数据(气温、降水、空气相对湿度),再结合辅助参数(土壤质地、土地覆被、土地利用、最大气孔导度、地形等),分别计算实际植被指标和潜在植被指标(植被分布、植被覆盖度、植被NPP),从而实现气象条件贡献率、人为活动贡献率计算。

(1)气象数据主要是年平均气温和年降水量,来源于国家气象业务内网(http://idata.cma/)的安徽省80多个气象站点的实测日数据。针对每一个气象站点,由日平均气温平均获得月平均气温,由月平均气温平均获得年平均气温;由日降水值累积获得月降水量,由月降水值累积获得年降水量。然后根据80多个气象站点的经纬度、年平均气温和年降水量,利用ArcGIS空间插值方法生成500 m×500 m的全省的栅格图层,然后根据矢量边界裁切出安徽省的栅格气象数据。

(2)实际植被分布,利用的MODIS/IGBP土地利用分类数据MCD12Q1产品数据,将已有土地利用数据归并分为八大类,见表9.2。

表 9.2　土地利用分类表

一级类型	二级类型
农田生态系统	作物
森林生态系统	常绿针叶林、常绿阔叶林、落叶针叶林、落叶阔叶林、混交林、郁闭灌丛、开放灌丛、多树的草原
草地生态系统	稀树草原、草原
湿地生态系统	永久湿地
聚落生态系统	城市和建成区
水体与冰川	雪、冰、水
荒漠生态系统	裸地或低植被覆盖地
作物和自然植被的镶嵌体	作物和自然植被的镶嵌体

(3)植被指数数据利用 MODIS 的 16 d、500 m 分辨率的 MOD13A1 产品,计算逐月、年归一化植被指数。归一化植被指数采用通用的计算方法,即近红外波段的反射值与红光波段的反射值之差与两者之和的比值(Deering,1978)。

(4)实际植被覆盖度:从评估年份中一系列 16 d NDVI 中提取每个栅格的最大值 $NDVI_{max}$,再由式(9.5)得到植被覆盖度 FVC:

$$FVC = (NDVI_{max} - NDVI_{soil})/(NDVI_{veg} - NDVI_{soil}) \tag{9.5}$$

式中:$NDVI_{soil}$ 为完全裸地或无植被覆盖区域的 NDVI 值;$NDVI_{veg}$ 则代表完全植被覆盖的像元 NDVI 值,即纯植被像元的 NDVI 值。

(5)实际植被 NPP 的计算,植被 NPP 采用分植被类型和分区计算的方法。安徽皖南山区和大别山区的植被主要是草地和林地(乔木林和灌木林)两种类型。其中草地植被 NPP 计算公式采用徐斌等(2007)优选的植被 NPP 模型。

在草地土地利用区域,采用中国六大草地分区(徐斌 等,2007)计算草量实际鲜重(表9.3),然后根据式(9.6)计算实际草地植被 NPP:

$$NPP = 0.05 \times Y \times f_a \times (1 + f_b) \tag{9.6}$$

式中:NPP 为草原实际植被初级生产力($gC \cdot m^{-2} \cdot a^{-1}$);$Y$ 为草原实际植被鲜草重量($kg \cdot hm^{-2} \cdot a^{-1}$);$f_a$ 为风干重系数;f_b 为地下与地上部分生物量比例系数。

林地植被 NPP 采用 Ji 等(2020)优选的森林 NPP 模型。该模型是根据全国 1000 多个森林长期观测站点资料优选得到的模型,由海拔、年最大 NDVI、年降水量和年平均气温计算得到林地植被 NPP。森林植被实际净初级生产力模型为:

$$NPP = 97.13 \times NDVI + 0.128 \times P + 0.022 \times T \times P - 0.027 \times A - 9.136 \times T + 333.67 \tag{9.7}$$

式中:NPP 为实际森林植被净初级生产力($gC \cdot m^{-2} \cdot a^{-1}$);$T$ 为年均温(℃);P 为年降水量(mm);A 为海拔(m);NDVI 为一年内最大的归一化植被指数 $NDVI_{max}$($0 < NDVI \leqslant 1$)。

表 9.3　中国六大草地地区草量(湿重)公式(徐斌 等,2007)

区域	范围	风干重系数	地下与地上部分生物量比例系数	反演公式
东北温带半湿润草甸草原区	黑龙江、辽宁、吉林和内蒙古东部	0.29	5.26	$Y = 385.362 \times e^{3.813 \times NDVI}$
蒙甘宁温带半干旱草原和荒漠草原区	内蒙古大部、甘肃、宁夏	0.34	4.25	$Y = 193.585 \times e^{4.9841 \times NDVI}$
华北暖温带半湿润、半干旱暖性灌丛区	河北、山西、陕西	0.31	4.42	$Y = 18377 \times NDVI^{2.0233}$
西南亚热带湿润热性灌草丛区	四川大部、重庆、云南、贵州、广西	0.31	4.42	$Y = 21399 \times NDVI^{3.0498}$
新疆温带、暖温带干旱荒漠和山地草原区	新疆	0.33	7.89	$Y = 409.91 \times e^{3.9099 \times NDVI}$
青藏高原高寒草原区	青海、西藏和四川阿坝州	0.32	7.92	$Y = 225.42 \times e^{4.4368 \times NDVI}$

(6)潜在植被分布,采用最大熵模型(MaxEnt)模拟潜在植被分布。基于最大熵理论,根据已有物种(或生态系统)在部分区域的环境约束,估计该物种在整个区域每个格点潜在存在概率,根据90%气候保证率的存在概率确定植被潜在分布。环境变量包括:年总辐射、年均温、最暖月温度、最冷月温度、极端最低温、年降水量、土壤因子和地形因子等参数。

(7)潜在植被覆盖度,由降雨量、平均气温、相对湿度、地形、日长、气孔导度计算归一化植被指数,然后计算潜在植被盖度:

$$\text{FVC}_{\text{latent}} = \frac{\text{NDVI}_{\text{max}} - \text{NDVI}_{\text{soil}}}{\text{NDVI}_{\text{veg}} - \text{NDVI}_{\text{soil}}} \tag{9.8}$$

$$\text{NDVI} = 100 \times (1 - e^{-0.6\text{LAI}}) + 38 \tag{9.9}$$

$$\text{LAI} = \frac{\text{Prcp}}{\dfrac{D}{\dfrac{1}{G_{\text{max}} + 0.67}} \times 64.8 \times t} \tag{9.10}$$

式中:$\text{FVC}_{\text{latent}}$ 为潜在植被覆盖度;NDVI 为标准化植被指数;LAI 为叶面积指数;Prcp 为月降雨量;D 为空气湿度;t 为日长(h);G_{max} 为最大气孔导度。

(8)潜在植被 NPP 采用周广胜和张新时的气候生产力模型(gC·m^{-2}·a^{-1})计算(蒋冲等,2012),由月均温度、年降水和年净辐射的等参数模拟得到潜在植被 NPP:

$$\text{NPP} = K \times \text{RDI}^2 \times \frac{r(1 + \text{RDI} + \text{RDI}^2)}{(1 + \text{RDI})(1 + \text{RDI}^2)} e^{[-(9.87 + 6.25\text{RDD})^{0.5}]} \tag{9.11}$$

$$\text{RDI} = 0.629 + 0.237\text{PER} - 0.00313\,\text{PER}^2 \tag{9.12}$$

$$\text{PER} = \frac{\text{PET}}{r} = 58.93\frac{B_t}{r} \tag{9.13}$$

$$B_t = \frac{\sum t_{\text{bm}}}{365} = \frac{\sum T_{\text{bm}}}{12} \tag{9.14}$$

式中:RDI 为大气干燥度;K 为干物质转换为碳含量系数,参考值为50;r 为年降水量(mm);PER 为可能蒸散率;PET 为可能蒸散量(mm);B_t 为年平均生物温度(℃);t_{bm} 为小于30℃且大于0℃的日均温,大于30℃时取30℃,小于0℃时取0℃;T_{bm} 为小于30℃且大于0℃的月均温,大于30℃时取30℃,小于0℃时取0℃。

(9)植被生态质量是植被生产功能、生态系统服务功能和生物多样性的综合体现,采用植被净初级生产力、植被覆盖度和植被地理分布面积三者的乘积表示。实际生态质量采用实际植被 NPP、实际植被覆盖度和实际植被面积相乘表示。潜在生态质量采用潜在植被 NPP、潜在植被覆盖度和潜在植被面积相乘表示。生态质量变化量是某年份的生态质量与相对年份生态质量之差,包括实际生态质量变化量和潜在生态质量变化量。贡献率是指植被生态质量变化的气象条件贡献和人为活动贡献的相对比率,既可能是有利的正贡献,也可能是不利的负贡献。生态质量变化气象条件贡献率为潜在生态质量变化量与实际生态质量的变化量之比。计算公式如下:

$$\text{ECA}_{i_{\text{实}}} = \text{NPP}_{i_{\text{实}}} \times S_{i_{\text{实}}} \times \text{FVC}_{i_{\text{实}}} \tag{9.15}$$

$$\Delta\text{ECA}_{i+n_{\text{实}}} = \text{ECA}_{i+n_{\text{实}}} - \text{ECA}_{i_{\text{实}}} \tag{9.16}$$

同理可得到潜在生态质量变化量 $\Delta\text{ECA}_{i+n_{\text{潜}}}$,生态质量变化气象条件贡献率为:

$$\text{ECAR}_{i+n_{\text{气}}} = \frac{\Delta\text{ECA}_{i+n_{\text{潜}}}}{\Delta\text{ECA}_{i+n_{\text{实}}}} \tag{9.17}$$

式中：$ECA_{i+n实}$ 为 $i+n$ 年的实际生态质量；$ECA_{i实}$ 为 i 年的实际生态质量；$\Delta ECA_{i+n潜}$ 为相对 i 年，$i+n$ 年潜在生态质量变化量；$\Delta ECA_{i+n实}$ 为相对 i 年，$i+n$ 年实际生态质量变化量；$NPP_{i实}$ 为实际植被初级生产力；$S_{i实}$ 为实际植被类型分布；$FVC_{i实}$ 为实际植被盖度。

生态质量变化气象条件贡献率与生态质量变化人为活动贡献率和为 1，则生态质量变化人为活动贡献率由式(9.18)计算得到。

$$ECAR_{i+n人} = 1 - ECAR_{i+n气} \tag{9.18}$$

(10)气象和人为贡献率的等级划分

气象条件(或人为活动)贡献率既可能是正贡献，又可能是负贡献。若气象条件(或人为活动)贡献率＞0，则为正贡献；若气象条件(或人为活动)贡献率＜0，则为负贡献。植被生态质量变化气象条件贡献率评价等级见表 9.4。

表 9.4　气象条件贡献率评价等级

气象条件贡献率指标	评价等级	含义
$F_m \geqslant 1$	高度正贡献	气候条件极有利于植被生态质量提升
$0.1 < F_m < 1$	中度正贡献	气候条件有利于植被生态质量提升
$-0.1 \leqslant F_m < 0.1$	无贡献	气候条件对植被生态质量影响不显著
$-1 \leqslant F_m < -0.1$	中度负贡献	气候条件不利于植被生态质量提升
$F_m < -1$	高度负贡献	气候条件极不利于植被生态质量提升

9.3.2　安徽省生态文明建设绩效考核气象条件贡献率评价系统

安徽省生态文明建设绩效考核气象条件贡献率评价系统包括七大功能模块(系统设置、区域定制、数据处理、评价指标计算、贡献率计算、空间分析、专题制图)和相应的数据库。软件系统可以进行生态质量状态评估，生态质量变化监测，以及量化生态质量变化的气象贡献率和人为贡献率等。评估指标计算系统主要功能包括实际植被 NPP 计算、实际植被分布、实际植被覆盖度计算、潜在植被 NPP 计算、潜在植被分布、潜在植被覆盖度六大类评价指标计算功能，数据处理流程如图 9.6 所示。

系统设置子系统主要功能为数据库连接设置、SDE 连接、设置工作空间设置、数据质量控制。区域定制子系统主要功能为按照行政区、任意区定制任务范围，管理定制任务。数据处理子系统主要功能为对卫星遥感和地面气象观测等资料快速获取与处理；通过数据下载、遥感影像投影转换、拼接、剪裁等，实现气象与遥感数据获取和数据处理，为其他子系统提供数据处理的支撑保障。评估指标计算子系统主要功能为根据植被生态气象条件贡献率综合指标构建与计算需求，分别实现各单项监测指标的计算和监测结果生成。气象条件贡献率及生态质量评价子系统主要功能为在植被生态监测指标基础上，构建生态质量、气候条件贡献评价指标，实现气象要素贡献与人为活动影响要素的分离和评价。空间分析子系统主要功能为对生成的空间图进行点、线、面的缓冲分析。地图制图子系统主要功能为生成包含不同监测内容的专题图件。

该软件系统除了具有常规数据添加、放大、缩小、漫游、平移、地图平面测量(面积、长度)等基本地图功能外，还具有强大的数据处理、数据分析和自动制图等功能，主要优势和特点如下。

(1)实现了数据下载和处理的自动化。软件实现了原始数据(气象数据和 NDVI)自动下

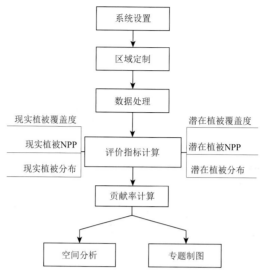

图 9.6　系统数据处理流程图

载,自动处理成标准数据(模型需要的数据格式、空间数据投影设置、NDVI 数据拼接、裁切和信息提取、数据插值等),以及原始数据和标准数据的自动编码,存入指定数据库等。节省了人工下载数据、处理数据和创建数据库的工作量。

(2)具有数据质量控制和检验验证功能。对原始数据进行质量控制,消除异常值;对中间计算变量(实际植被 NPP、实际覆盖度、实际植被分布、潜在 NPP、潜在覆盖度)和最终评估数据(生态质量变化量、生态质量变化率、生态质量变化的人为贡献率、生态质量变化的气象贡献率等)可以进行精度检验验证,以确保数据可靠,结果可信。

(3)具有选择研究区和时段的灵活性。可以按行政区选择研究区,软件设置了国家、省、市(县)三级下拉菜单,可以自由选择某一行政区为研究区。也可以任意定制研究区,客户通过导入研究区矢量边界实现定制任意研究区。此外,客户还可以自由选择研究时间段。

(4)实现了生态指标的自动计算。软件可以自动完成任意指定时段、任意区域、任意空间分辨率(1000 m、500 m、250 m)的六大生态指标(实际植被 NPP、实际植被覆盖度和实际植被分布,以及潜在植被 NPP、潜在植被覆盖度和潜在植被分布),以及生态质量变化量、生态质量变化量的气象贡献率和人为贡献率的自动计算,并输出栅格图层。

(5)实现了自动制作专题图。软件提供了多个模板,可以选择任意时段,一次输出多个年份的系列图。可以输出 jpg、png、bmp、tif 等格式。可以自由选择输出的图像分辨率。输出的专题图包括:气象参数图(降水、气温、相对湿度等)、植被参数图(NDVI、实际植被 NPP、实际覆盖度和实际植被分布,以及潜在植被 NPP、潜在覆盖度和潜在植被分布等)、生态质量图(实际生态质量、潜在生态质量、实际生态质量变化、潜在生态质量变化)、贡献率图(气象贡献率、人为贡献率)。

(6)具有空间叠加分析功能。支持任意时段、任意区域的生态要素(气温、降水、相对湿度、NDVI、实际植被 NPP、实际覆盖度和实际植被分布,以及潜在植被 NPP、潜在覆盖度和潜在植被分布等)的叠加分析,可以统计时间段内任意栅格的变化率、拟合斜率、平均值、最大值、最小值、差值、标准差等,并可以输出对应的栅格图层,以及输出植被类型相互转换的转移矩阵等。

(7)具有提取点数据对应环境信息功能。软件支持经纬度生成点图层,利用点图层一次性提取多个图层信息的功能(例如提取 2000—2018 年每个点对应的年降水量),并以 Excel 格式导出时间序列的数据,为分析长期变化提供条件。结合具有经纬度点的实地调查,可以验证模型模拟精度(例如检验 NPP、覆盖度模拟精度)。

(8)具有缓冲区分析功能。可以基于绘制或导入的任意点、线和面(任意多边形)设置任意缓冲区大小,进行缓冲区分析,统计出缓冲区内最大值、最小值、平均值、求和值、标准差等。还可以基于缓冲区进行多图层信息的查询,获得时间序列的数据。

(9)具有分区统计功能。支持任意时段、任意区域、任意时间分辨率(年、月、16 d)的分区统计。可以按行政区分区统计、按生态系统类型分区统计以及任意区域分区统计。统计结果以 Excel 格式输出,包括栅格数、面积、最大值、最小值、平均值、求和值、标准差。

(10)具有专门的贡献率查询按钮。针对气象贡献率和人为贡献率,软件设计了专门查询按钮,支持任意时间段、任意区域(相邻年份)气象贡献率和人为贡献率的长期变化查询,并可以 Excel 输出。

本软件系统的数据统一采用阿尔伯斯等面积投影系统。不同投影系统数据导入软件系统时,实现了投影系统的自动转换。数据兼容性:软件不仅支持本系统产生的栅格数据和矢量数据,还支持多种格式的数据输出和外部数据输入,支持外部数据导入该系统进行空间统计分析的功能(叠加分析、分区统计、缓冲区分析等),系统界面见图 9.7。

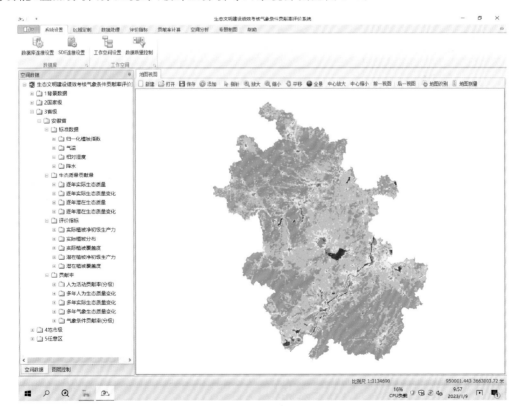

图 9.7　系统界面图

9.3.3 安徽省生态文明建设绩效考核气象条件贡献率评价

气象条件贡献率指气象要素变化对植被生态质量变化的贡献率,利用中国气象科学研究院《生态文明绩效考核气象条件贡献率评价系统 V1.0》,计算安徽省(森林和草地)植被生态质量变化及其归因分析。

相对于 2000 年,2001—2022 年安徽省森林和草地生态质量变化的平均气象条件贡献率达 99%。长期变化趋势看,2001—2022 年安徽省平均的气象条件贡献率由 62% 增加到 101%,每年增加 2.62%(图 9.8),表明气象因素对生态质量的影响增大。特别是在 2007 年之前,气象条件贡献率整体低于 100%,平均为 70%,人为活动贡献则平均为 30%,则气象条件和人为活动对植被生态质量变化都是正贡献;2007 年之后气象条件贡献率整体上高于 100%,平均为 112%,人为活动贡献率平均为−12%,表明人为活动贡献对植被生态质量变化具有负贡献。

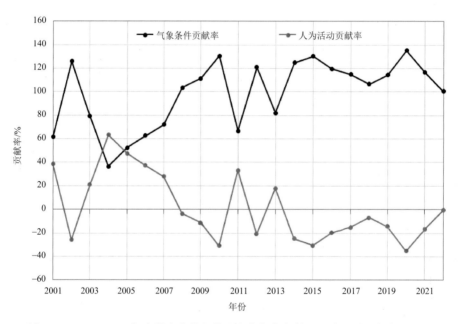

图 9.8　2001—2022 年安徽省森林和草地生态气象条件和人为活动贡献率变化图

9.3.4 2022 年安徽省生态文明建设绩效考核贡献率评价

2022 年安徽省森林和草地生态质量相对于 2000 年变化的气象条件贡献率为 101%,人为活动贡献率为−1%,表明 2022 年相对于 2000 年气象条件对生态质量的变化具有正贡献,人为活动对生态质量的变化具有负贡献(图 9.9)。安徽省森林和草地主要分布在大别山区和皖南山区,大别山区和皖南山区南部气象条件贡献基本上呈现高正贡献,皖南山区中东部气象条件贡献基本上呈现中度正贡献,而皖南山区北部靠近沿江人为活动密集区气象条件贡献基本上呈现微贡献。大别山区中北部、皖南山区东部人为活动呈现高负贡献,人为活动对生态质量的变化具有副作用;其他地区人为活动呈现微贡献态势。

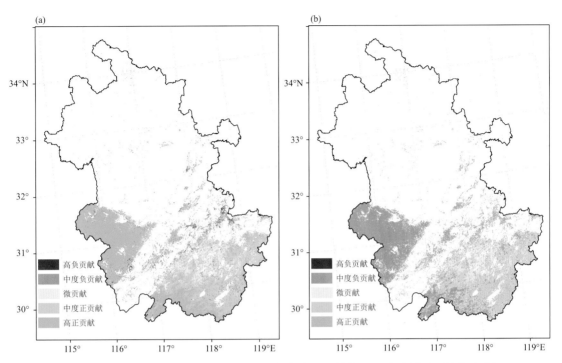

图 9.9　2022 年安徽省森林和草地覆盖区气象条件贡献率(a)和人为活动贡献率(b)图

9.4　本章小结

（1）从空气清洁度、空气舒适度及空气清新度三个方面建立绿色发展气象监测考核指标。从空气清洁度看，2021 年安徽省年平均空气清洁度为 0.77，比 2020 年减小 0.03，全年整体呈现南高北低的分布形势。从空气清新度看，2021 年平均空气清新度 0.54，比 2020 年低 0.02；2021 年空间分布上除第一季度淮北平原偏高，其他三个季度空气清新度大小程度依次为皖南山区、大别山区、淮北平原、江淮之间；平均空气清新度大小程度依次为第三季度、第二季度、第四季度、第一季度。从空气舒适度看，2021 年安徽省平均空气舒适度 0.22。第一季度和第四季度空气舒适度普遍偏低，第二季度整体呈南高北低，第三季度北高南低的分布形势。

（2）相对于 2000 年，2001—2022 年安徽省森林和草地生态质量变化的平均气象条件贡献率达 99%，表明气象因素对生态质量的影响增大。但是，在 2007 年之前，则气象条件和人为活动对植被生态质量变化都是正贡献；2007 年之后气象条件对植被生态质量变化为正贡献，人为活动对植被生态质量变化具有负贡献。

参考文献

安徽省地方志编纂委员会,1999.安徽省志 自然环境志[M].北京:方志出版社.

安徽省环境保护厅,2018.安徽省生态保护红线[EB/OL].(2018-06-29)[2023-03-09].https://sthjt.ah.gov.cn/public/21691/25229781.html.

安徽省林业局,2022.2021年安徽林情[EB/OL].(2022-12-02)[2023-03-09].https://lyj.ah.gov.cn/ahlq/lqgk/40619927.html.

白照广,2013.高分一号卫星的技术特点[J].中国航天(8):5.

包云轩,2007.气象学:第三版[M].北京:中国农业出版社:5-10.

曹海翊,戴君,张新伟,等,2020."高分七号"高精度光学立体测绘卫星实现途径研究[J].航天返回与遥感,41(2):12.

陈凌娜,董斌,彭文娟,等,2018.升金湖自然湿地越冬鹤类生境适宜性变化研究[J].长江流域资源与环境,27(3):556-563.

陈鹏飞,王卷乐,廖秀英,等,2010.基于环境减灾卫星遥感数据的呼伦贝尔草地地上生物量反演研究[J].自然资源学报,25(7):10.

陈薇,周立志,王维晴,等,2020.升金湖和菜子湖越冬白头鹤栖息地适宜性分析[J].湿地科学,18(3):275-286.

程纯枢,冯秀藻,刘明孝,等,1986.中国农业百科全书:农业气象卷[M].北京:农业出版社:1-50.

崔斌,张永红,闫利,等,2020.高分三号SAR影像双阈值变化检测[J].遥感学报,24(1):1-10.

崔玉环,王杰,2018.控水闸对通江湖泊水位及面积变化的影响分析——以升金湖为例[J].水资源与水工程学报,29(4):47-52.

戴昌达,唐伶俐,1995.卫星遥感监测城市扩展与环境变化的研究[J].遥感学报,10(1):1-8.

戴俊英,沈秀英,李维典,等,1998.高产玉米的光合作用系统参数与产量的关系[J].沈阳农业大学学报,19(3):1-8.

丁凤,徐涵秋,2006.TM热波段图像的地表温度反演算法与实验分析[J].地球信息科学,8(3):7.

董子梅,2009.玉米高产的几个主要生理指标[J].现代农业(3):40-41.

范少军,周立志,于超,2022.长江中下游升金湖湿地越冬鸭属($Anas$)鸟类群落结构和行为特征[J].湖泊科学,34(5):1596-1608.

冯海霞,秦其明,蒋洪波,等,2011.基于HJ-1A/1B CCD数据的干旱监测[J].农业工程学报,27(S1):8.

高红凯,刘俊国,高光耀,等,2023.水源涵养功能概念的生态和水文视角辨析[J].地理学报,78(1):139-148.

郭立峰,殷世平,许佳琦,等,2015.基于FY-3A/MERSI的2013年夏秋间松花江和黑龙江干流洪水遥感监测分析[J].自然灾害学报,24(5):75-82.

何彬方,荀尚培,冯妍,等,2020.一种近地面颗粒物浓度的遥感反演方法:202010727936.X[P].2020-07-23.

何永坤,郭建平,2012.基于实际生育期的东北地区玉米气候生产潜力研究[J].西南大学学报(自然科学版),34(7):67-75.

侯光良,刘允芬,1985.我国气候生产潜力及其分区[J].资源科学(3):52-59.

环境保护部科技标准司,2012.环境空气质量标准:GB 3095—2012[S].北京:中国环境科学出版社.

黄萍,许小华,李德龙,2018.基于 Sentinel-1 卫星数据快速提取鄱阳湖水体面积[J].水资源研究,7(5):483-491.

黄勇,邱旭敏,黄国贵,2017.淮河流域表层土壤湿度时空特征及其与地面降水的关系[J].生态环境学报,26(4):561-569.

蒋冲,王飞,穆兴民,等,2012.气候变化对秦岭南北植被净初级生产力的影响[J].中国水土保持学报,10(6):45-51.

赖荣生,余海龙,黄菊莹,2014.作物气候生产潜力计算模型研究述评[J].江苏农业科学,42(5):11-14.

李锋,王如松,2003.城市绿地系统的生态服务功能评价、规划与预测研究——以扬州市为例[J].生态学报,23(9):8.

李果,孔祥皓,刘凤晶,等,2016."高分四号"卫星遥感技术创新[J].航天返回与遥感,37(4):7-15.

李莉,2020.资源三号 03 星[J].卫星应用(10):1.

李仁东,刘纪远,2001.应用 LandsatETM 数据估算鄱阳湖湿生植被生物量[J].地理学报,56(5):531-539.

李玉凤,刘红玉,2014.湿地分类和湿地景观分类研究进展[J].湿地科学,12(1):102-108.

李忠辉,胡培成,黄晚华,2010.江西省中稻动态气候生产潜力研究[J].安徽农业科学,38(12):6388-6390.

刘勇洪,轩春怡,李梓铭,等,2020.城市生态气象监测评估初步研究与实践——以北京为例[J].生态环境学报,29(3):12.

马晓群,吴文玉,张辉,2009.农业旱涝指标及在江淮地区监测预警中的应用[J].应用气象学报,20(2):186-194.

钱拴,延昊,吴门新,等,2020.植被综合生态质量时空变化动态监测评价模型[J].生态学报,40(18):6573-6583.

邱晨辉,2018.高分六号升空 我国"天眼"工程数据体系基本形成[J].科技传播(12):1.

全国农业气象标准化委员会,2023.植被生态质量的气候变化影响评价方法:GB/T 42961—2023[S].北京:中国标准出版社:1-16.

全国气象防灾减灾标准化技术委员会,2010.霾的观测和预报等级:QX/T 113—2010[S].北京:气象出版社.

全国卫星天气与空间天气标准化委员会,2013.湖泊蓝藻水华卫星遥感监测技术导则:QX/T 207—2013[S].北京:气象出版社:1-7.

沙弥,1987.城市生态学[J].城市问题(4):1.

汤玲英,刘雯,杨东,等,2018.基于面向对象方法的 Sentinel-1A SAR 在洪水监测中的应用[J].地球信息科学学报,20(3):377-384.

佟屏亚,程延年,1996.玉米高产栽培经济系数的研究[J].北京农业科学,14(4):1-3.

王成,董斌,朱鸣,等,2018.升金湖湿地越冬鹤类栖息地选择[J].生态学杂志,37(3):810-816.

王大钊,王思梦,黄昌,2019.Sentinel-2 和 Landsat 8 影像的四种常用水体指数地表水体提取对比[J].国土资源遥感,31(3):157-165.

王宏斌,张镭,焦圣明,等,2016.中国地区 MODIS 气溶胶产品的验证及反演误差分析[J].高原气象,35(3):13.

王立海,邢艳秋,2008.基于人工神经网络的天然林生物量遥感估测[J].应用生态学报,19(2):261-266.

王连喜,李琪,陈书涛,2010.生态气象导论[M].北京:气象出版社:1-20.

王情,刘雪华,岳天祥,2014.淮河流域粮食生产潜力空间格局研究[J].生态经济,30(7):24-27.

王翔朴,王营通,李珏声,2000.卫生学大辞典[M].青岛:青岛出版社.

王小平,2011.气候变化背景下黄淮海地区冬小麦气候生产潜力研究[D].北京:中国农业科学院.

王新建,周立志,陈锦云,等,2021.长江下游沿江湿地升金湖越冬水鸟觅食集团结构及生态位特征[J].湖泊科学,33(2):518-528.

文雄飞,陈蓓青,申邵洪,等,2012.资源一号02C卫星P/MS传感器数据质量评价及其在水利行业中的应用潜力分析[J].长江科学院院报,29(10):4.

吴涛,赵冬至,康建成,等,2011.辽东湾双台子河口湿地翅碱蓬(Suaeda salsa)生物量遥感反演研究[J].生态环境学报,20(1):24-29.

吴云,曾源,赵炎,等,2010.基于MODIS数据的海河流域植被覆盖度估算及动态变化分析[J].资源科学,32(7):1417-1424.

夏俊士,杜培军,张海荣,等,2010.基于遥感数据的城市地表温度与土地覆盖定量研究[J].遥感技术与应用,25(1):9.

谢云,王晓岚,林燕,2003.近40年中国东部地区夏秋粮作物农业气候生产潜力时空变化[J].资源科学,25(2):7-13.

徐斌,杨秀春,陶伟国,等,2007.中国草原产草量遥感监测[J].生态学报,27:405-413.

徐祥德,周秀骥,翁永辉,等,2003.星载MODIS资料与地面光度计探测气溶胶变分场[J].科学通报,48(15):1680-1685.

许朗,欧真真,2011.淮河流域农业干旱对粮食产量的影响分析[J].水利经济,29(5):56-59.

杨秉新,曹东晶,2015."高分二号"卫星高分辨率相机技术创新及启示[J].航天返回与遥感,36(4):6.

杨富宝,王国汉,2018.巢湖流域防洪形势与治理对策分析[J].水利规划与设计(7):33-36.

杨魁,杨建兵,江冰茹,2015.Sentinel-1卫星综述[J].城市勘测,30(2):24-27.

姚延娟,刘强,柳钦火,等,2008.遥感模型多参数反演相互影响机理的研究[J].遥感学报(1):8.

张贵友,李广梅,刘良田,等,2019.升金湖越冬水鸟在周边农田觅食造成的农户经济损失评估与补偿研究[J].湿地科学,17(5):504-510.

张琳,宋创业,袁伟影,等,2023.基于地面调查的植被生态质量综合评估指标体系构建[J].生态学报,43(1):128-139.

张庆君,2017.高分三号卫星总体设计与关键技术[J].测绘学报,46(3):9.

张双双,董斌,杨斐,等,2019.升金湖湿地景观格局变化对越冬鹤类地理分布的影响[J].长江流域资源与环境,28(10):2461-2470.

张薇,杨思全,王磊,等,2012.合成孔径雷达数据减灾应用潜力研究综述[J].遥感技术与应用,27(6):904-911.

赵聪,2019."长征"四号B运载火箭成功实施"一箭三星"发射[J].中国航天(9):12.

赵青琳,曾巧林,罗彬,等,2022.基于垂直订正和湿度订正方法估算川渝地区逐小时PM$_{2.5}$[J].遥感学报,26(10):1946-1962.

中国气象局,2003.地面气象观测规范[M].北京:气象出版社.

周广胜,周莉,2021.生态气象:起源、概念和展望[J].科学通报,66(2):210-218.

周来,李艳洁,孙玉军,2018.修正的通用土壤流失方程中各因子单位的确定[J].水土保持通报,38(1):169-174.

AURÉLIE D, LEFEBVRE G, POULIN B, 2009. Wetland monitoring using classification trees and SPOT-5 seasonal time series[J]. Remote Sensing of Environment, 114(3): 552-562.

BARCLAY T, GRAY J, STRAND E, et al, 2002. TerraService. NET: An Introduction to Web Services[J]. W3c Talks, 7(2):167-183.

BEGON M, JOWNSEND C R, HARPER J L, 2016. 生态学:从个体到生态系统:第四版[M].李博,张大勇,王德华,译.北京:高等教育出版社:1-15.

BESSHO K, DATE K, HAYASHI M, et al, 2016. An introduction to Himawari-8/9—Japan's new-generation geostationary meteorological satellites[J]. Journal of the Meteorological Society of Japan, 94(2):

151-183.

CHEN L, GAO Y, CHENG Y, et al, 2005. Biomass estimation and uncertainty analysis based on CBERS-02 CCD camera data and field measurement[J]. Science in China Ser E: Engineering and Materials Science (S2):13.

DEERING D W, 1978. Rangeland reflectance characteristics measured by aircraft and spacecraft sensors[D]. College Station: Texas A and M University:338.

DRONOVA I, GONG P, WANG L, 2011. Object-based analysis and change detection of major wetland cover types and their classification uncertainty during the low water period at Poyang Lake, China[J]. Remote Sensing of Environment, 115(12): 3220-3236.

FOODY G M, BOYD D S, CUTLER M E J, 2003. Predictive relations of tropical forest biomass from Landsat TM data and their transferability between regions[J]. Remote Sensing of Environment, 85(4):463-474.

GHERMANDI A, VAN DEN BERGH J C J M, BRANDER L M, et al, 2010. Values of natural and human-made wetlands: A meta-analysis [J]. Water Resources Research, 46(12): 137-139.

GOWARD S N, DYE D G, 1987. Evaluating North American net primary productivity with satellite observations[J]. Adv Space Res, 7(11):165-174.

JI Y H, ZHOU G S, LUO T X, et al, 2020. Variation of net primary productivity and its drivers in China's forests during 2000—2018[J]. Forest Ecosystems, 7(2):11.

KASTEN F, 1969. Visibility forecast in the phase of pre-condensation[J]. Tellus,21(5):631-635.

MITSCH W J, GOSSELINK J G, 1993. Wetlands[M]. New York: John Wiley & Sons.

NEWNHAM G J, VERBESSELT J, GRANT I F, et al, 2011. Relative Greenness Index for assessing curing of grassland fuel[J]. Remote Sensing of Environment, 115(6):1456-1463.

SCHOEBERL M R, DOUGLASS A R, JOINER J, 2008. Introduction to special section on Aura Validation [J]. Journal of Geophysical Research: Atmospheres, 113(D15):S01.

SIMS D A, RAHMAN A F, CORDOVA V D, 2006. On the use of MODIS EVI to assess gross primary productivity of North American ecosystems[J]. Journal of Geophysical Research: Biogeosciences, 111(G4): 1-16.

SOENEN S A, PEDDLE D R, HALL R J, et al, 2010. Estimating aboveground forest biomass from canopy reflectance model inversion in mountainous terrain[J]. Remote Sensing of Environment, 114(7):1325-1337.

SUFFET M, 2009. AQUA: Introduction[J]. Journal of Water Supply: Research and Technology, 58(8): 519-520.

SUNDAR K S G, CHAUHAN A S, KITTUR S, et al, 2015. Wetland Loss and Waterbird use of Wetlands in Palwal District, Haryana, India: The Role of Agriculture, Urbanization and Conversion to Fish Ponds [J]. Wetlands, 35(1): 115-125.

TONG Q X, 1997. Study on Imaging Spectrometer Remote Sensing Information for Wetland Vegetation[J]. Journal of Remote Sensing, 1(1):50-57.

WIRYADINATA R, KHOIRUSSOLIH M, ROHANAH N, et al, 2018. Image data acquisition for NOAA 18 and NOAA 19 Weather Satellites Using QFH Antenna and RTL-SDR[C]. MATEC Web of Conferences 218, 02002

YANG Z Y O, WANG X K, MIAO H, 1999. A primary study on Chinese terrestrial ecosystem services and their ecological-economic values[J]. Acta Ecologica Sinica, 5:607-613.

ZHAO M S, RUNNING S W, 2010. Drought-induced reduction in global terrestrial net primary production from 2000 through 2009[J]. Science, 329(5994):940-943.

ZHENG D, RADEMACHER J, CHEN J, et al, 2004. Estimating aboveground biomass using Landsat 7

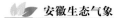

ETM+ data across a managed landscape in northern Wisconsin, USA[J]. Remote Sensing of Environment, 93(3):402-411.

ZHOU L, DIVAKARLA M, LIU X, 2016. An overview of the Joint Polar Satellite System (JPSS) science data product calibration and validation[J]. Remote Sensing, 8(2):139.

ZOU Y A, ZHANG P Y, ZHANG S Q, et al, 2019. Crucial sites and environmental variables for wintering migratory waterbird population distributions in the natural wetlands in East Dongting Lake, China [J]. Science of the Total Environment, 655:147-157.